起重工工艺学

（初级）

陈增贵　编

哈尔滨工程大学出版社

内容简介

本书重点讲解起重吊运的基础理论知识、基本操作方法和常用起重工具设备的正确操作、维护和保养，以及安全操作方面的知识。围绕船厂修造过程中的起重吊运方法，向广大读者介绍相关的经验和技能。

图书在版编目(CIP)数据

起重工工艺学:初级/陈增贵编.—哈尔滨:哈尔滨工程大学出版社,2007.7(2022.8重印)
ISBN 978-7-81073-853-8

Ⅰ.起…　Ⅱ.陈…　Ⅲ.起重机械-操作-基本知识　Ⅳ.TH21

中国版本图书馆CIP数据核字(2007)第105693号

出版发行　哈尔滨工程大学出版社
社　　址　哈尔滨市南岗区南通大街145号
邮政编码　150001
发行电话　0451-82519328
传　　真　0451-82519699
经　　销　新华书店
印　　刷　哈尔滨市石桥印务有限公司
开　　本　787 mm×1 092 mm　1/16
印　　张　8.25
字　　数　187千字
版　　次　2007年8月第1版
印　　次　2022年8月第8次印刷
定　　价　22.00元
http://www.hrbeupress.com
E-mail:heupress@hrbeu.edu.cn

序　言

造船工业是一门综合性工业，它的兴衰关系到国防、民生。国家的强盛、领土的完整离不开造船工业的发展，它是一个国家基础工业的象征。在制造过程中要进行许多生产部门的若干工种、工序的连续作业施工，才能完工。一些设备、船体分段和零部件，在车间、平台或码头上组装完成要吊到船台或坞内的船上安装，而这些设备、分段和零部件的质量，随着造船工业的发展和建造舰船吨位提升而不断加大，所有这些无不和起重、吊运有关。特别是对很多精密的重要的机械设备，吊运安装就是最后一道工序。万一碰、撞、摔、倒，轻者损坏设备、部件和变形，重者造成严重的伤亡事故，这方面的事故事例“随口可举”。因此也正因为这一工种在施工操作时具有它的重要性和特殊性，因此国家劳工部将它列为特殊工种，定期培训和复训、经考核合格才能上岗操作。

随着造船工业的不断提高，和工业生产基础设施不断发展，仅以造船业而论，在造船过程中的单船吨位日益提升，分段的拼装已向大吨位发展，和模块型、整机的吊装。这样施工方式，不但加快了造船进度、提高了造船技术，同时起重吊运技术和起重机械设施也得到了发展和提高。

目前起重机械化程度不断提高，很多设备在吊运过程中只需挂钩，指挥吊车就可完成。但是必须认识到，在没有吊车或电子工作场地狭窄，以及高层设备吊装，吊车无法施工的情况下，就不得不采用其他起重设备，如葫芦、滑轮组、卷扬机、桅杆、滚杠、绳索等简易的起重工具设备进行吊、拖、滚、顶等作业手段和方法。这样的起重施工方法和手段，目前在造船起重工作量中，还占很大部分。船舶艉部“轴舵系”的拆装过程中的起重吊运等就是一例。

就起重作业的性质而言，船厂的起重工不仅承担修造船过程中的起重吊运，同时还要担负企业向外拓展过程中，承接的工业性项目中的起重吊运和安装。

起重技术在我国有着悠久的历史，早在几千年前，我们的祖先利用石块作配重，利用木杆和绳索，制成简单的提升机械从井中提水，而他们创造的吊棺技术和铁索桥的架设技能，根据当时的历史条件，至今仍是难解之谜。这充分显示了我们古代劳动人民的勤劳、勇敢和聪明才智。

本书重点叙述起重、吊运的基础理论知识、基本操作方法和常用的起重工具设备，正确操作、维护和保养，以及安全操作等方面知识。重点围绕以船厂、修造船过程中的起重吊运方法，同时兼顾通用起重方面的操作手段和施工方法。

但同时必须指出的是，起重技术运用在我国已有几千年的历史要将这丰富的生产实践经验，全部概括总结，这很难以做到。实际上也没有这样的必要。作为一名起重员工，只要学会辩证地分析问题和解决问题，具有正确地思路和方法，具体客观的对待每件事，掌握事物的内在规律，抓住主要矛盾，全面考虑分析每一起运工作的特点和重点，正确地运用科学理论和起重施工方法，所面临的问题，总可以得到解决。在本书中介绍的一些典型操作方法，原则上侧重于一般规律介绍，这样有利于初、中级水平人员的理解和掌握，同时必须提示学员，为了更快更好地理解和掌握书中的内容，必须要参阅和掌握工程力学和物理学有关的书籍和知识。

在本书中，有一些起重工具、设备、操作方法，因作者受到前辈的影响，造成各地称呼不同，在本书中尽量采用国家规定的统一叫法和称呼（名称）。但有些方面肯定还会留有地方称呼的痕迹，在此只能用括号或双引号加以标注提示，同时希望读者谅解。

陈增贵

2004 年 6 月 8 日

前　　言

一个娴熟的技术工人就是人才，这是目前社会的共识。随着社会现代化的建设发展步伐不断加快，高水准的技术工人的缺乏，已像瓶颈般地阻碍生产力的发展和高新产品的开发，这一问题的严重性已不同程度地呈现在各个企业中。

为了延续和强化操作技能，全面提高船舶起重技术工人的技术素质，迎合船舶工业大发展的步伐，本书作者根据 1977 年 12 月中国船舶工业总公司颁布的《职业技能鉴定规范》（考核大纲），结合自己近三十年的从事起重作业经验，以自己所掌握和积累的技术方面的实践技能，总结自己从事起重作业职业教育十几年的教学经验编写了这本教材。为了更好地使每个学员能够由浅入深，通俗易懂地快速掌握、理解起重方面的理论知识和操作技能，作者搜集并参考了社会上现有的起重方面的书籍。在编写过程中注重结合船舶起重作业的特点。

在这套书籍中，有些起重工具、设备、操作方法，因本人受前辈们的影响，造成称呼和俗语与其他地方的不同，在书中虽已尽量采用国家规定的统一叫法和称呼（名称），难免有些地方还会留有地方称呼的痕迹，在此望同行及读者谅解。

教育是社会存在和发展的基础，技艺的传授也是一种教育的体现。编写这套起重工艺学，也是本人抱着探索的态度所作的尝试。学无止境，由于自己工作经验局限性和文化程度的不足，在这套书籍中肯定会有不少错误和不足之处，恳切希望得到广大读者的批评和指正。

陈增贵

2006 年 4 月 11 日

目　　录

第一章　物体的质量及重心…… 1

第一节　面积的计算…… 1

第二节　体积的计算…… 3

第三节　物体质量的计算…… 4

第四节　起重作业中常用计算量单位及换算…… 7

第五节　简单形状物体重心的确定…… 8

第六节　应用试题…… 9

第二章　起重常用的吊具和索具…… 10

第一节　麻　绳…… 10

第二节　钢丝绳…… 16

第三节　链　条…… 24

第四节　卸　克…… 27

第五节　吊　环…… 30

第六节　钢丝绳绳卡的种类与使用…… 34

第七节　应用试题…… 36

第三章　起重工具和小型起重设备…… 37

第一节　滑轮和滑轮组…… 37

第二节　葫　芦…… 52

第三节　摇车和卷扬机…… 59

第四节　千斤顶…… 63

第五节　撬棒…… 68

第六节　应用试题…… 70

第四章　起重作业基本操作方法(初级)…… 71

第一节　起重作业的性质…… 71

第二节　起重作业的四要素…… 71

第三节　起重作业的基本操作方法…… 73

第四节　吊点的选择与物体的捆扎…… 86

第五节　小型船只轴、舵系的吊装方法…… 89

第六节　分段的种类,翻身及吊运…… 95

第七节　应用试题…… 97

第五章　船台与船坞…… 98

第一节　船　台…… 98

第二节　船舶下水…… 100

第三节　船坞的种类和特点…… 101

第四节　船舶进坞、落墩及出坞(简述)…… 106

第五节　应用试题…………………………………………………………………… 110
第六章　起重指挥与操作规程…………………………………………………… 112
第一节　起重常用的指挥信号………………………………………………… 112
第二节　应用试题…………………………………………………………………… 118
第三节　起重安全操作规程…………………………………………………… 122

第一章　物体的质量及重心

在起重作业中，无论采用何种施工方法对一个物体进行移位或者搬运，首先都必须掌握了解该物体的质量（俗称重量）和重心，再根据物体的外形、施工场地情况等以合理地施工方法，选择合适的起重机械和吊索具，从而达到顺利完成起重施工的目的。

这样，就需要我们每个起重操作人员，必须掌握和了解有关数学、力学、物理学方面的知识，如有关各种形状物体的面积、体积的计算，以及不同材质的质量和重心的计算等。这也是每个起重人员都必须掌握的入门基础知识。

第一节　面积的计算

在起重作业中，为了合理地选择吊索具，以及根据物体的大小和所需吊装的位置，在选择正确的施工方法前，有时就需要对物体的面积和施工场地的面积进行计算，以此作为重要的参考数据之一。

而在起重作业中，经常接触到的图形有圆形、四边形、三角形等，它们的面积计算公式，如表 1－1 中所示。

表 1－1　面积（S）的计算公式

名称	图　形	计算公式	名称	图　形	计算公式
正方形	a	$S=a^2$	梯形	b, h, a	$S=\frac{1}{2}(a+b)h$
长方形	b, a	$S=ab$	圆形	d	$S=\frac{1}{4}\pi d^2$ $=0.785d^2$

表1-1(续)

名称	图形	计算公式	名称	图形	计算公式
平行四边形		$S=ah$	弓形		$S=\frac{\pi r^2 a}{360°}-c(r-f)$
三角形		$S=\frac{1}{2}ah$	圆锥		$S=\pi rl$ (侧面积)
圆环		$S=\frac{\pi}{4}(D^2-d^2)$	截头圆锥		$S=\pi l(R+r)$ (侧面积)
扇形		$S=\frac{\pi r^2 a}{360°}$			

但在实际工作中,所面对的设备或者和物体、物件,有时不一定像图标中所描绘的那样有规则的几何图形。在碰到这种不规则的形状物件时,我们可以把它分割成几个规则的图形,分别加以计算,然后把各个图形的面积相加,同样能求得它的总面积。如图1-1所示,这是一个物体的外形视图,它虽然看似不规则,但实际上它由三

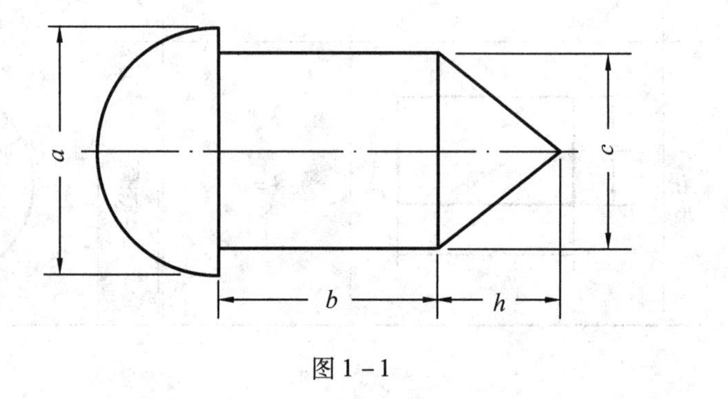

图1-1

个规则形状图形所组成,即半圆形、长方形、三角形,为此在计算总面积时,只要分别将三个图形的面积先计算出来,然后相加即可得出它的总面积。

设 $a=1$ m,$b=2$ m,$h=0.5$ m,$c=0.7$ m,计算

1. 半圆面积

$$S_1=\frac{1}{2}\left(\frac{\pi}{4}a^2\right)=\frac{1}{8}\times 3.14\times 1=0.393\ \text{m}^2$$

2. 长方形面积

$$S_2=bc=2\times 0.7=1.4\ \text{m}^2$$

3. 三角形面积

$$S_3=\frac{1}{2}ch=\frac{1}{2}\times 0.7\times 0.5=0.175\ \text{m}^2$$

总面积

$$S_{总}=S_1+S_2+S_3=0.393+1.4+0.175=1.968\ \text{m}^2$$

第二节 体积的计算

起重作业中面对的一件件不同形状的物体,为了制定正确的施工方法和方案,同时能正确地配备工具设备及吊索具。首先应知道设备或物件的质量,而要正确地计算和了解物体的质量,就需要知道物体的体积。

通常情况下,常见图形的体积的计算方法,如表 1－2 所示。

表 1－2 体积(V)的计算公式

名称	图形	计算公式	名称	图形	计算公式
圆柱体	h, D	$V=\frac{1}{4}\pi D^2h$ $=0.785D^2h$	正圆锥体	h, r	$V=\frac{1}{3}\pi r^2h$
正方体	c, b, a	$V=abc$	斜截圆柱体	h_1, h_2, r	$V=\pi r^2\frac{h_1+h_2}{2}$

表 1－2(续)

名称	图形	计算公式	名称	图形	计算公式
空心圆柱体		$V=\frac{1}{4}\pi h(d_2^2-d_1^2)$	球体		$V=\frac{1}{6}\pi D^3=0.523D^3$
直三棱柱		$V=0.5abh$	正六角形柱体		$V=\frac{3}{2}\sqrt{3}\,b^2h=2.598b^2h$
棱台		$V=\frac{h}{6}[(2a+a_1)b+(2a_1+a)b_1]$	圆台		$V=\frac{1}{3}\pi h(r_1^2+r_2^2+r_1r_2)$
四棱锥体		$V=\frac{1}{3}abh$			

如上表所示是属于单一规则的物体,相对而言,在计算上还是较方便的,但是在日常起重作业中往往所面对的物件或者物体,是由几个不同形状的规则物体组合而成,形成形状怪异的物件或物体。面对这样的物体只要耐心、仔细观察、把不规则形状物体分别分解成几个规则形状物体分别计算的方法,最后合成,同样可以取得该物体的体积总和。

第三节　物体质量的计算

地球上的一切物体都受到地球引力的作用,地球对于物体的这种吸引力就叫做物体的重力。

质量的计算公式为：

$$Q = V\rho$$

式中 Q——物体质量；

V——物体体积；

ρ——材料密度。

在现实生产和生活中，我们应该了解物体体积相同不等于它们的质量相等的这一道理。

例：我们用同一大小的布袋，分别盛装满大米和棉花，最终我们就感觉到它们的质量明显的不同，有很大区别，但它们的体积相近，为什么会产生质量的不同呢？这就是大米和棉花的密度不同。

而密度是单位体积内某种物质的质量，密度的单位是由质量和体积的单位共同决定的。

常用材料的密度见表1－3。

表1－3 常用材料密度表

序号	材料名称	密度 ρ/t/m^3	序号	材料名称	密度 ρ/t/m^3
1	钢铁	7.8～7.85	15	汽油	0.66～0.75
2	铝	2.7	16	柴油	0.78～0.82
3	紫铜	8.9	17	煤油	0.8
4	黄铜	8.4～8.8	18	玻璃	2.6
5	青铜	7.5～8.9	19	木材	0.4～1.05
6	镍	8.9	20	煤	1.2～1.8
7	锡	7.3	21	焦炭	0.27
8	锌	6.9	22	碎石	1.6
9	铅	11.4	23	钢筋混凝土	2.3～2.5
10	汞（水银）	13.6	24	聚乙烯	0.91～0.95
11	水	1.0	25	泡沫塑料	0.013～0.045
12	海水	1.03	26	空气	0.001 29
13	冰	0.9	27	砖	1.4～2.0
14	酒精	0.8	28	泥土	1.2～1.9

例1 有一钢质圆球，它的直径为1 m，求其质量。已知：$D = 1$ m，$\rho = 7.85$ t/m^3，求V，Q。

解 $V = \frac{1}{6}\pi D^3$，$Q = V \cdot \rho$

$$Q = \frac{1}{6}\pi D^3 \cdot \rho = \frac{1}{6} \times 3.14 \times 1^3 \times 7.85 = 4.108 \text{ t}$$

答：该钢质圆球的质量为4.108 t。

例2 有一只封闭箱体，由长12 m，宽10 m，高2 m，厚24 cm的钢板组成，其质量是多少吨？如图1－2。

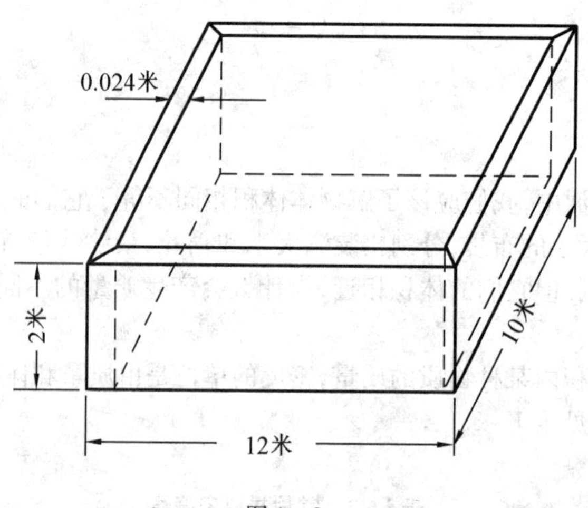

图 1-2

第一种计算方法,可根据封闭箱体的六块钢板采用分解计算的方法,求得每块钢板的体积,然后相加求得总的体积,再乘以其密度,最终得到箱体的总质量。即:

已知:$a=12\ \text{m}$,$b=10\ \text{m}$,$h=2\ \text{m}$,$\rho=7.85\ \text{t/m}^3$,钢板厚 $=24\ \text{mm}=0.024\ \text{m}$。

求:$V_{体}$,$Q_{总}$。

解 $V_{体}=2(长\times宽+长\times高+宽\times高)\times\rho=2(12\times10+12\times2+10\times2)\times0.024=7.87\ (\text{m}^3)$

$$Q=V\cdot\rho$$

$$\begin{aligned}Q&=2(ab+ah+bh)0.024\times\rho\\&=2(12\times10+12\times2+10\times2)0.024\times7.85=61.795\approx61.8\ \text{t}\end{aligned}$$

答:该封闭形箱体的质量为 61.8 t。

第二种计算方法:即外形面积减内形面积再乘以高度,求得一框形体积,然后加上底板和顶板的体积最终得到总的体积,再乘以密度,同样得到箱体的总质量。即

$$\begin{aligned}V&=h(外长\times外宽-内长\times内宽)+2(a\cdot b)厚度\\&=2(12\times10-11.952\times9.952)+2(12\times10)\times0.024\\&=2\times1.0536+5.76\\&=7.87\ \text{m}^3\end{aligned}$$

$$Q=V\cdot\rho=7.87\ \text{m}^3\times7.85\ \text{t/m}^3$$

$$61.7795\approx61.8\ \text{t}$$

答:该箱体的质量为 61.8 t。

通过以上二道例题使我们了解和掌握了对一般物体的体积和质量的计算方法和手段,但是在日常起重作业中,所碰到的物体,不可能全部像例题中所展现的形状那样规则。如一台外形不规则的机械设备,我们不可能把它一一分解而加以计算,而要了解和掌握它的质量,只有两种途径求得。

1. 根据设备的技术资料获得它的质量。

2. 估重法:采用对应相似形体质量的比较,估计出该设备的近似质量,这就是我们日常起重作业中常用的物体估重法。这一估重法的准确性与实际工作经验密切相关,同是估重

结果,往往误差较大,在这需在实际操作中逐步积累经验加以修正,确定它的近似质量。

第四节 起重作业中常用计量单位及换算

在我们日常工作中和生活中,往往会看到各种计量单位,有公制计量单位,也有英制计量单位,随着国家的对外开放和与国际接轨,在我国规定使用统一的法定计量单位,公制计量单位中采用十进制计算方法。相对而言,英制计量单位,计算时比较麻烦。但是在起重作业中有时还会遇到英制计量单位。在大力推行法定计量单位情况下,出于实际工作需要,对英制计量单位这种计量方法我们还需掌握和了解。因为在一部分老工人中至今还习惯地使用英制,如对钢丝绳的规格不是用毫米,而是习惯用英寸,为了新老交替和工作上的方便,将法定单位与英制的单位换算方法列在下面,以供参考。

①英制长度单位

1 英尺 =12 英寸 =304.8 mm

1 英寸 =8 分 =25.4 mm

1 吩 =4 塔(角) =3.175 mm

1 塔(角) =0.794 mm

②法定长度单位:

1 km(公里) =1 000 m

1 m =100 mm

1 dm =10 cm

1 cm =10 mm

③英制面积单位换算

1 m^2 =9 平方市尺 =10.764 平方英尺

④质量单位换算

1 吨(t) =1 000 公斤(kg)

1 千克(kg) =1 000 克(g)

1 千克(kg) =2 斤(市斤)

1 吨(t) =0.984 21 英吨 =1.102 3 美吨 =2 204.6 磅

⑤英美制质量单位换算

1 英吨(长吨,l · ton) =2 240 磅

1 美吨(短吨,sh · ton) =2 000 磅

⑥容积单位换算

1 升 =1 000 mm^3 =61.023 7 立方英寸 =0.22 英加仑 =0.264 美加仑(液量)

1 毫升 =1 立方厘米(cc)

⑦功率单位

1 米制马力 =0.735 千瓦(kW),1 英制马力(hp,HP) =0.745 千瓦(kW)

1 千瓦(kW) =1.36 米制马力

⑧重力单位的换算

1 吨力(tf) =9.8 千牛(kN)

1 千克力(kgf) =9.8 牛(N)

第五节 简单形状物体重心的确定

重心是物体所受重力的合力作用点。在起重作业中,设备的吊装、翻身、吊索具的受力分配、组件的吊装等都要考虑物体的重心,在起重作业时,如果没有找到重心,在起重吊装时,就会造成吊索具的受力不均,甚至会使设备在起吊过程中发生倾倒的危险。

再则,任何物体都受到地球的引力,而物体内部各点都要受到重力的作用,各点重力的合力就是物体的重力,合力的作用点就是物体的重心。为此也可以说物体的重心是物体各部分重力的中心。一个物体不论在什么地方,不论怎么安放,它的重心在物体内部的位置不会改变,同时也说明了我们用一台起重机吊一个物体,无论是平吊还是倾斜吊,吊钩的垂直线始终通过物体的重心。对一个不规则物体在确定它的重心时,采用二次悬吊法,吊钩垂线相交点就是它的重心,就是运用这一理论。

物体的重心可以用数学方法求得。形状规则的物体其重心位置比较容易确定,如长方形物体,其重心位置在对角线的交点上,圆棒的重心在其中间截面的圆心上,三角形的重心位置在三角形三条中线的交点上。如果物体是由两个或两个以上基本规则的外形组合,可以分别求出各部分的重心,然后用力矩平衡的方法,求出整个物体的重心。

1. 如何计算复杂的物体的重心,其重心位置如何确定

如果有几个几何体形成的形状较为复杂的物体重心,可以先求出它的每部分的重力和重心,然后再用求平行力的合力方法求整个物体的重心。

例 有一块匀质座板,厚 50 mm,由两块矩形板拼接而成,左面一块为 500 mm × 1 000 mm,右面一块为 300 mm × 1 000 mm,求其重心位置。如图 1-3 所示。

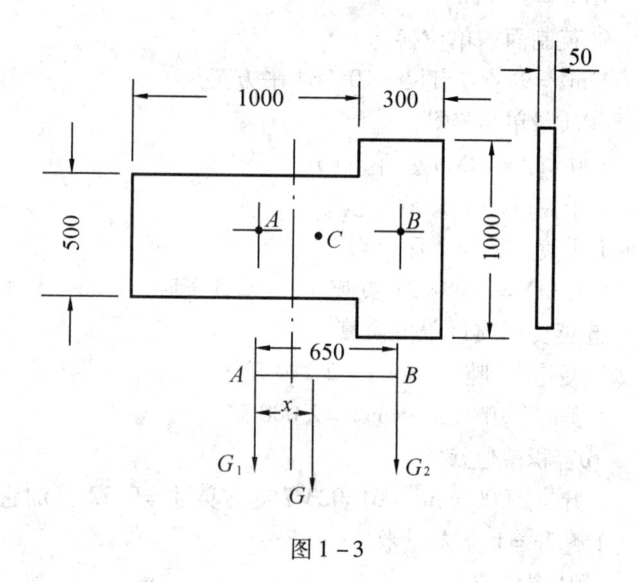

图 1-3

左面一块板的重心在 A 点,体积为

$$V_1 = 0.5 \times 1 \times 0.05 = 0.025\ \text{m}^3$$

右面一块板的重心在 B 点,体积为

$$V_2 = 0.3 \times 1 \times 0.05 = 0.015\ \text{m}^3$$

AB 间的距离为

$$1 \times \frac{1}{2} + 0.3 \times \frac{1}{2} = 0.65\ \text{m}$$

板的材料密度为 ρ,则左面一块板的重力 $G_1 = 0.025t$,右面一块板的重力 $G_2 = 0.015t$。设座板的重心在 C 点,距 A 点为 x,则:

$$G_1 x = G_2 (AB - x)$$

即

$$(G_1 + G_2) x = G_2 \times AB$$

$$x=\frac{G_2\times AB}{G_1+G_2}=\frac{0.015\times0.65}{0.025+0.015}=\frac{0.00925}{0.04}=\frac{0.925}{4}=0.244\ \text{m}$$

座板的重心(距离一块板的重心 A 为 0.244 m,即距最左端 0.744(=0.5 +0.244) m。

注:如果左右材质不同,在计算过程中必须分别算出左右不同材质的重力。

第六节　应用试题

1. 有一空芯圆柱体,它的外径为 1.2 m,内径为 0.9 m,它的截面积是多少平方米?

2. 有一正圆锥体,它的高度为 3 m,底径为 2 m,它的体积为多少立方米?

3. 有一圆台,它的底面直径为 1 m,顶面直径为 0.5 m,高 1.5 m 用钢质材料制成,它的实际质量为多少吨?

4. $\frac{3}{4}$寸 =　　mm,1.5 尺 =　　m?

5. 在起重作业中确定重心的方法有哪几种?

6. 用单台起重机吊物时,吊物的状态无论怎么变化,吊钩的重力线,始终通过物体重心,为什么?

第二章 起重常用的吊具和索具

索具和吊具是起重机械和施工过程中的一个组合部分。钢丝绳和吊钩组合成起重机机械中的吊具,用来吊运物体和物件,用钢丝绳小卷扬机、滑轮组合成滑轮,用来拖、拉、起重吊装等。在起重施工中用绳索来捆绑物体和物件,绳索还用作一些起重桅杆缆风绳,固定卷扬机的系扎绳,设备的牵引绳,电线杆、烟囱或铁塔等设施的固定支持绳,及支线式桅杆和索道的承载绳。同时,可制成我们日常起重作业过程中使用的“千斤”绳。

在起重作业中常用的绳索,有钢丝绳、麻绳、纱绳及各种化纤绳及链条等。各种绳索因它的制作材质不同,它的物理性能也不同,所以说我们在日常起重作业中选择吊索具时,必须根据被吊物的质量,被吊物的环境、场合及被吊物的技术要求,进行正确地选择,切不可盲目选取和使用。

第一节 麻 绳

麻绳是起重作业中常用的一种绳索,它的优点是质量轻,质地柔软,手工操作时,打结容易、易捆扎等优点。

但由于麻绳是用植物纤维拧制而成,抗拉强度不高,同直径的麻绳和钢丝绳相比,强度相差十几倍之多。而且麻绳存在使用过程中易磨损,受潮后易腐蚀等缺点。故在日常起重作业中只能用于质量较轻物件的吊运和物体的捆绑,以及用作手拉滑轮组的穿绕绳和小型桅杆的缆风绳等。

麻绳属于总称,它的种类很多,按其制作方法的不同,可以分为机制类麻绳和人工搓拧类麻绳。在起重作业中只选用机制类麻绳,因为机制类麻绳搓拧均匀紧密,每个节距的机械性能稳定,相对而言抗拉强度也高一点。按其制作原料的不同可分为白棕绳、混合麻绳和线麻绳三种。

一、白棕绳

白棕绳的制作原料有印度尼西亚生产的西沙尔麻和国产龙舌兰麻(剑麻)、苧麻、大麻以及马尼拉麻等,通过机械加工制成。

白棕绳有涂油和不涂油之分。涂油的白棕绳抗潮湿防腐性能较好,但其强度比不涂油的要低,一般要低10% ~20%;不涂油的在干燥情况下,强度和弹性都好,但遇水或受潮后强度降低约50%,这就是白棕绳比较容易吸水的缘故。

白棕绳的形状,有三股、四股和九股捻制的,在特殊需要情况下,也有十二股捻制的。其中最为常见的是三股。

二、白棕绳的受力计算

1. 破断力

$$Q \approx 5D^2$$

2. 使用拉力

$$P \approx \frac{5D^2}{K}$$

式中 Q——近似破断力,kgf;(注:1 kgf = 9.8 N)

P——近似使用拉力,kgf;

D——白棕绳直径, mm;

K——白棕绳安全系数,3 ~ 10

例 用上式计算一根直径为 16 mm 的白棕绳,其破断拉力和使用拉力各为多少?

解 已知 $D = 16$ mm,$K = 10$

破断拉力 $Q = 5D^2 = 5 \times 16^2 = 1\ 280$ kgf

使用拉力 $P = \frac{5D^2}{10} = \frac{P^2}{2} = 128$ kgf

答:直径为 16 mm 的白棕绳破断拉力为 1 280 kgf,使用拉力为 128 kgf。

三、上海生产的旗鱼牌白棕绳的规格,表 2-1 所示。

表 2-1 上海生产旗鱼牌的白棕绳规格

圆周		直径		每卷 200 m 的质量/kg	破断拉力 /kgf	良好绳索容许拉力/kgf 安全系数 $K=10$	最小滑轮 直径 $D > 20d$(mm)
毫米	英寸	毫米	英寸				
19	$\frac{3}{4}$	6	$\frac{1}{4}$	6.5	200	20	100
25	1	8	$\frac{5}{16}$	10.5	325	32.5	100
32	$1\frac{1}{4}$	10	$\frac{7}{16}$	17	575	57.5	150
38	$1\frac{1}{2}$	12	$\frac{1}{2}$	23.5	800	80	150
44	$1\frac{3}{4}$	14	$\frac{9}{16}$	32	980	98	150
51	2	16	$\frac{5}{8}$	41	1 380	138	200
57	$2\frac{1}{4}$	18	$\frac{3}{4}$	52.5	1 805	180.5	200
63	$2\frac{1}{2}$	20	$\frac{13}{16}$	60	2 000	200	200
70	$2\frac{3}{4}$	22	$\frac{7}{8}$	70	2 420	242	220
76	3	25	1	90	3 125	312.5	250
89	$3\frac{1}{2}$	29	$1\frac{1}{8}$	120	4 205	420.5	290
101	4	33	$1\frac{5}{16}$	165	5 445	544.5	330
114	$4\frac{1}{2}$	38	$1\frac{1}{2}$	200	7 220	722	380

表 2-2　白棕绳安全系数 *K*

使用情况		*K* 值
一般吊装用	新　绳	≥3
	旧　绳	≥6
重要场合起重吊装用		
吊索和缆风绳及贵重装置	新　绳	≥6
	旧　绳	12

四、白棕绳编结方法和使用

1. 在起重作业中，所用的绳结种类很多，论数量有几十种之多。它的由来是各行各业的前辈们通过生产实践，长年累月积累延续而来，它们最大的特点是“易打易解”，不会产生“死结”，而且安全可靠。

但是在使用过程中，绳结的选用必须正确合理，安全可靠：①根据吊装要求选择绳结；②编打绳结必须正确；③绳结选用必须与物体质量对应。如：在抬扛同一物体时，选用绳结，平结与扛棒结，在受力方面扛棒结优于平结。所以作为一名合格的起重作业人员，不但要既快又正确地编打绳结，而且要会正确地选用绳结，这至关重要。

在起重实践中最常用的绳结有以下几种，如表 2-3 所示。

表 2-3　常用绳结编打和用途

序号	绳结名称	简　图	用途及说明	别名称法
1	平结		用于连接白棕绳两端，或将两根不同类型的绳索连接、接长之用 编结时两端绳头要留有一定的长度，不宜过短	八字结 对拔结
2	扛棒结		用于人工抬扛各种小型物件或吊运小型物体，在吊运时绳结与卸扣连接 编结时两根绳头必须交叉，决不能同向	无
3	抬缸结		此绳结主要用抬扛或吊运各种桶类、缸类物体，吊运时必须竖直吊运 编结时，绳结必须对称托底绳距中，高于桶 1/2 以上	油桶结

表 2－3(续)

序号	绳结名称	简　　图	用途及说明	别名称法
4	海员结		用于固定绳索。 常用于通过物体的孔眼,将绳头穿过,编打此结拖拉物体	萝卜头结、罗马结
5	蝴蝶结		此绳结用于登高作业,使用此结时,人的两腿套入两个绳圈内,腰部要系牢,否则人体易翻落。 注:用此结时,两腿易发麻,不能使用时间太长,只可作临时用	坐身结
6	死结		用于平台移动或平吊物件,在吊物时,必须防止物体晃动,造成绳结滑移	地龙扣
7	加圈死结		此绳结与前一种的不同之处就是在物体多绕了一圈,而该圈在抬、吊物体时,通过物体的自身质量在绳圈上起到抱紧物体,防止绳结滑移的作用	加圈地龙扣
8	双十字结		用于物体提升、下放或拖拉。是一种双圈活动绳结。绳结随着受力可越收越紧 使用时须注意绳头要略长一些,短了易滑脱而产生整个绳结无用	双十结、克结
9	压结		作用同上述基本相似,但此结最适合圆材之类物体	圆材结、拖材结、系木结、背扣
10	跳板结		用于高空系搭脚手板进行作业。这种绳结只要编打正确、使用合理,脚手板不会翻转,作业时安全可靠	脚手板

表 2-3(续)

序号	绳结名称	简　图	用途及说明	别名称法
11	油瓶结		用于拴绑有瓶肩的圆柱形物件或物体。绳结能随拉力(作用力)越拉越紧 此绳结有两种编打方法,一种为绕式,一种为翻式	瓶口结
12	单钩压结		是一种在吊钩上固紧绳索用的捆结,往往是由于索具较长,使用时必须缩短方可使用的一种简单灵活的绳结 例:滑轮组的跑头绳,通过吊车、吊钩进行吊拉时使用最佳方便	猫爪结、挂钩结
13	牛桩结		用于捆绑物体、物件,在使用小型桅杆时,桅杆顶部系扎缆风绳时最常用的绳结之一	八字结、梯形结、猪蹄结
14	鲁班结	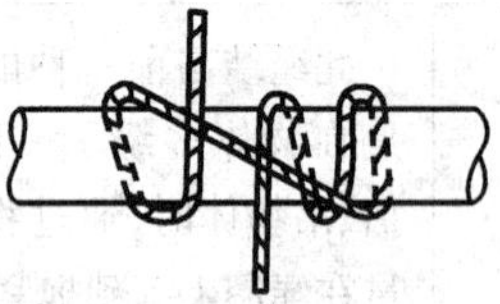	用于拔柱、扛桅杆等,最大优点绳结随着作用力,可越拉越紧	无
15	拴柱结	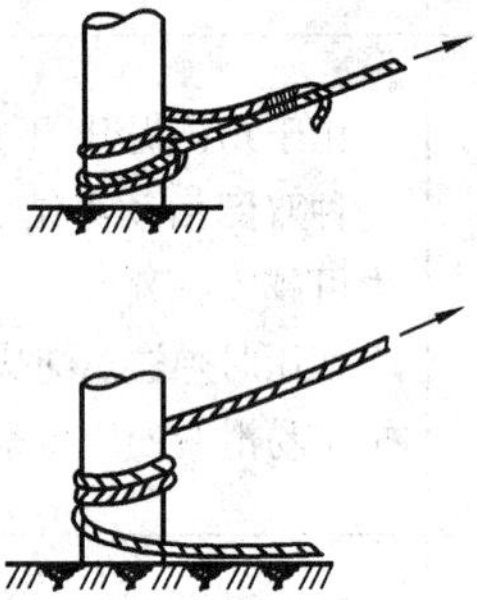	用于各种缆风绳的固定和绳索的溜放	无
16	叠结		此结主要用于吊、拉圆长形物件或物体,在拔桩过程中优于鲁班结,最大优点是易编打、易解脱	拔桩结

表 2-3(续)

序号	绳结名称	简　图	用途及说明	别名称法
17	对结	垫以圆木	此结主要用于拖拉钢索及圆长形的各种管材 注:用于连接麻绳或钢丝绳的两端(如系麻绳可用圆木和绳卡而用小扎)	搭索结、“探姆”结
18	单帆索结		用于连接绳索或钢丝绳两端 注:如系钢丝绳时应垫以圆木,如使用时间长,绳端必须加用绳夹	单帆结

2. 白棕绳的编接方法

在起重作业中,有时会碰到因特定操作方法而需要一根长绳。例如滑轮组的穿绕绳,在此时,如果绳子太短,就需要用两根甚至两根以上的绳子对接,才能达到所需的长度,此时接绳的过程中,采用绳结接绳的方法,显而易见是不可行的。因为绳需在滑轮中运动、绳结太大通不过轮糟,将失去滑轮组的作用。在这特定的情况下,绳索的接长只有采用编接的方法,以达到所需的目的和作用。

编接过程中是将两根绳的绳头对接起来,成为一根绳子,这种编接方法,比绳扣牢固、美观、使用方便,但编接方法比绳结复杂,其编结方法如下。

将绳索的一端拧松,拧松的长度等于绳索直径的 10 倍左右,松开后的各个绳股分别用线绳扎牢,以免在编接穿插过程中松散,如图 2-1(a)所示把两个绳头互相错开,对合起来,然后编插。编插时将编插的一股压住相邻一股插入第二股,第二、第三股方法同上,依次编插。每股绳必须编插三次以上,通常编接长度在 25~30 cm 为宜。

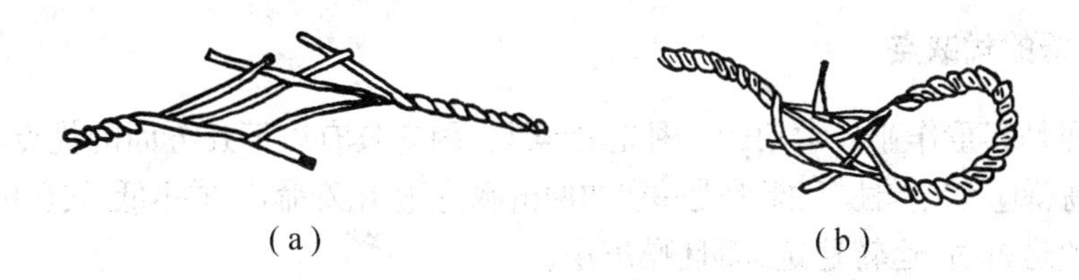

(a)　　(b)

图 2-1　麻绳的编接

(a)绳头的编插;(b)绳“千斤”、(枇杷头)编插

同时在编插时,尤为注意的是,每插完一个轮回后必须收紧,方可插下一轮回。编插完后将多余长度的股绳,用刀切除。

编插绳套和绳“千斤”(枇杷头)时,方法同上。绳套的编插如图 2-1 所示。(绳“千斤”枇杷头编插)

五、白棕绳使用时的注意要点

1. 新绳在开卷使用时,要注意绳头的方向,应将绳卷放在地上,使有绳头的一端在下面,从卷内拉出绳头,如图 2-2。不要从卷外的绳头拉出,以免打结,在绳头的切断处应用细绳或胶带扎好，以防松散。

2. 白棕绳一般用于质量较轻物件的捆绑，以及起重量较小的滑轮及桅杆（木杆）缆风绳（稳索）等，机动的起重机械，或受力较大的地方不得使用白棕绳。

3. 白棕绳应用于滑轮或滑轮组时，在其穿过滑轮转弯时，白棕绳与滑轮接触的一面受压力，另一面则受拉力，此时白棕绳抗拉能力降低，为了减少白棕绳所承受的附加弯曲力，滑轮的直径应比白棕绳直径大10倍以上。

图2-2　白棕绳开卷方向

4. 使用时，如果发现白棕绳有连续向一个方向扭转的情况时，应设法抖直，以免损伤白棕绳的内部纤维。有绳结的白棕绳要穿过滑轮或狭小的地方，这样会使白棕绳受到额外的应力，容易把白棕绳纤维扭拉断裂而降低白棕绳的强度。

5. 用于捆绑各类物件时，应避免白棕绳直接和物件的尖锐快口边缘接触，接触处一定要垫好麻袋、帆布或薄铁皮、木片，但各类衬垫物应注意垫好，一旦垫的不妥当，要割断绳索。这点望操作时绝对要注意。

6. 使用过程中，不要将白棕绳在尖锐或粗糙的物件上拖拉，也不要在地上拖拉，以免磨断白棕绳表面的麻纤维，降低白棕绳的强度，影响它的使用寿命。

7. 穿滑轮，使用白棕绳时，应注意勿使白棕绳脱离轮槽而卡住拉断产生事故。

8. 不要将白棕绳和有腐蚀作用的化学物品（如碱、酸等）、油漆等接触。使用后应放在干燥的木板上和通风好的地方储存保管，不能受潮或高温烘烤，以防降低白棕绳的强度。

9. 白棕绳严禁超负荷使用。

第二节　钢　丝　绳

一、钢丝绳的优缺点

1. 钢丝绳是起重作业最常用的一种起重索具，因它具有以下几方面的优点。

①强度高、质量轻、弹性好，能承受一定的冲击载荷，使用寿命长、成本低、安全可靠。

②在高速运行时，运转稳定，而且噪声小。

③挠性好，使用方法灵活。

④钢丝绳磨损后，易于检查，破断前有断丝的迹象，且整根钢丝不会同时断裂。

⑤可以在较高的温度下工作，并且能耐一定的重压。

2. 主要缺点。

①刚性较大，没有非金属般的柔软，打结困难。

②不易弯曲，因此在穿绕滑轮、滑轮组以及卷筒时，必须与钢丝绳直径相配，如果相配的卷筒或滑轮直径不符规定，钢丝绳容易损坏，影响使用寿命。

二、钢丝绳的制作材料

钢丝绳又称为钢索，它是由高强度碳素钢丝制成，整根钢丝绳的粗细一致所以广泛地应用于起重吊运作业和设备运输。它不仅是起重机的重要组成部分，而且在一些设备、装置固定过程中，作为稳索使用。

三、钢丝绳按用途可分为以下几类

1. 支持绳：用于电缆，各种桅杆稳索（缆风绳）、烟囱等设施的固定、以及桥梁悬挂等场合。

2. 承载绳：用作架设高空索道、矿车轨道索等，它主要承受压力和拉力，要求强度高、表面光滑、结构紧密、支撑表面大。

3. 牵引绳：在动力装置和各类运输机械中，传递拉力时使用，它主要承受拉力，要求耐磨、抗挤压、有韧性、经得起长期弯曲。其外层钢丝绳要稍粗些，采用金属绳芯。

4. 提升绳：用来提升重物。在使用时除了承受拉力，还承受弯曲力和摩擦力，要求有较高的强度和韧性、弯曲应力要小，耐疲劳、耐磨损，并能较好地抵抗冲击载荷。

5. 系扎绳：用于捆扎、拖船和系船等。使用时它基本处于受拉状态，使用时需要手工捆扎、打结，要求柔软性好。

四、钢丝绳制作结构和特点

整根钢丝绳通常由若干细钢丝组成一股钢丝子绳，再由几股钢丝子绳与一股绳芯绕捻而成，在起重机械和起重作业中使用的钢丝绳均为圆截面，而绳芯的材料有麻芯、石棉花、钢丝芯及尼龙芯等。绳芯的主要作用能增加钢丝绳的挠性和弹性，芯中的油脂能从绳的内部润滑钢丝绳，减少每股子绳之间的磨损，增强钢丝绳抗腐蚀能力。

捻制过程中根据小股钢丝根数的不同，而产生不同的钢丝品种：如 $6\times19+1$，$6\times24+1$，$6\times37+1$，$6\times61+1$ 等钢丝绳。所谓的 $6\times19+1$ 即表示该钢丝绳有 6 股组成，19 表示每股有 19 根钢丝捻成股，1 表示一根绳芯（纤维绳芯）。

钢丝绳的钢丝强度，按国家标准（GB1102－74）规定，分为五级，即是：140，155，170，185，200 kg/mm^2。

按绕捻方法不同可分为右交互捻、左交互捻、右同向捻、左同向捻和混合捻。如图 2－3 所示。

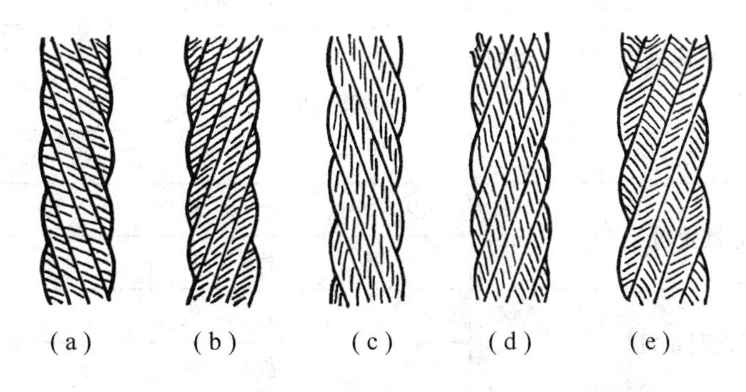

图 2－3　钢丝绳的捻向

(a)左同向捻；(b)右同向捻；(c)左交互捻；(d)右交互捻；(e)混合捻

同向捻钢丝绳优点是比较柔软，容易弯曲，表面平滑，使用中磨损较小，而且强度高，接触形式为线接触。缺点是易松散，受力后容易压扁。

交互捻钢丝绳，其优点不容易松散与压扁。缺点刚性大、强度低、使用寿命短，接触形式为点接触。

混合捻在捻制过程中相邻两股的钢丝捻向相反。优点柔性好、强度高,不易松散和压扁。缺点制造工艺相当复杂。

五、钢丝绳的受力计算

1. 破断拉力 $Q \approx 54D^2$

2. 使用拉力 $P \approx \dfrac{54D^2}{K}$

式中 Q——近似公称抗拉强度 140 kg/mm² 时的破断拉力 kgf;(1 kgf = 9.8 N)

P——近似钢丝绳使用拉力,kgf;

D——钢丝绳直径,mm;

K——钢丝绳的安全系数。

例 选用一根 20 mm 的钢丝绳,用作吊索,试问它的破断拉力和使用拉力各为多少?

解 已知 $D = 20$ mm,$K = 6$

破断拉力 $Q \approx 54D^2 = 54 \times 20^2 \approx 21\ 600$ kgf

使用拉力 $P \approx \dfrac{54D^2}{K} \approx \dfrac{54 \times 20^2}{6} \approx 3\ 600$ kgf

答:20 mm 的钢丝绳它的破断拉力为 21 600 kgf,它的使用拉力为 3 600 kgf。

六、钢丝绳的安全系数

钢丝绳的安全系数主要根据其工作类型而进行选择,见表 2-4 钢丝绳安全系数 K 值表一览。

表 2-4 钢丝绳安全系数 K 值表

工作类型	工作特性		K 值
桅杆式起重机、自行式起重机及其他类型的起重机和卷扬机	人力驱动		4.5
	机械驱动	轻 级	5
		中 级	5.5
		重 级	6
缆索起重机	载 人		20
	载 货		10
升降式起重机	载 人		14
	载 货		7
其他用途的钢丝绳	吊运热金属、易燃和易爆物		6
	稳索、缆绳及拖拉		3.5
	用于带吊钩、吊环、吊挂		6
	用于捆扎		10

七、钢丝绳的选择、使用和保养方法

1. 在起重作业中钢丝绳广泛用于吊运重物，穿绕滑轮、滑轮组捆绑物体、物件，作吊索等。由于使用的场合不同，实际受力情况比较复杂，钢丝绳不仅受到拉力，而且还有弯曲力以及钢丝与钢丝之间的摩擦力，钢丝绳表面与滑轮、卷筒等之间的摩擦力和物体运动时产生的冲击力等。因此选用时要根据钢丝绳的使用场合及工作条件，合理地选择钢丝绳。从而达到既能满足使用要求，又能经济合理、安全可靠的目的。

选择钢丝绳时，应注意以下几点。

(1)根据不同用途选择不同规格的钢丝绳，如用作起吊重物，或穿绕滑轮组使用，应选择比较柔软、易弯曲的 $6\times37+1$ 或 $6\times61+1$ 的钢丝绳，如作为缆风绳或拖拉绳使用时可选用绕性较次的 $6\times19+1$ 的钢丝绳。

(2)根据钢丝绳的机械性能和特点，按照钢丝绳使用拉力，选择合适的钢丝直径。

(3)选用的钢丝绳必须具有足够的抗弯强度和抗冲击强度。

2. 钢丝绳在使用和保养过程中必须做到以下几点。

①钢丝绳在使用过程中必须经常根据钢丝绳的“成色”和使用年限检查其强度，一般至少六个月就必须进行一次全面检查。

②各种类型的钢丝绳在使用过程中严禁超负荷(超使用拉力)使用。

③在捆扎或吊运物体、物件时，要注意不要使钢丝绳直接和物件、物体的快口或尖棱锐角相接触，无法避免时，在它们的接触处要垫上木板、帆布、麻袋或其他衬垫物，以防物体的棱角快口割断或割伤钢丝绳，发生设备和安全事故。

④钢丝绳在使用过程中，如出现长度不够，钢丝绳与钢丝绳连接过程中，必须采用卸扣连接，严格禁止用钢丝绳穿钢丝绳环(别股头)的方法接长吊运物件、物体，以免由此产生剪切力。

⑤钢丝绳穿过滑轮及滑轮组时，其滑轮边缘不应有破裂和缺口，以免受力时割伤或割断钢丝绳酿成事故。

⑥钢丝绳在使用过程中，特别是钢丝绳在运动中不要和其他物体摩擦，更不应与钢板的边缘斜拖，以免钢板的棱角割断钢丝绳，直接影响钢丝绳的使用寿命。

图 2-4　钢丝绳绳捻距图

⑦在高温的状态下，或在高温的物体上使用钢丝绳时，必须采取隔热措施，因为钢丝绳在受到高温后，其金属结构造成破坏，其强度会大大地降低。

⑧钢丝绳在使用一段时间后，必须加润滑油，加油的目的是：一是可以防止钢丝绳生锈，提高抗腐蚀力；二是钢丝绳在使用过程中，它的每股子绳间及同一股中的钢丝与钢丝之间都会相互产生滑动摩擦，特别是在钢丝绳承受弯曲力时，这种摩擦更为激烈，加了润滑油后，可以减轻这摩擦力。

⑨钢丝绳存放时，要先按上述方法将钢丝绳上的脏物清洗干净后擦干，上好润滑油，再盘绕整齐，存放在干燥的地方，在钢丝绳的下面垫以木板或枕木，并定期进行检查。

⑩钢丝绳在使用过程中，尤其要注意防止钢丝绳与电焊电线接触，碰电后，钢丝绳会损坏，影响起重作业的顺利进行。

⑪钢丝绳在使用过程中，必须经常注意进行检查有无断裂破损情况，以及它的新旧成色

是否能用,确保安全。

八、钢丝绳的报废标准

钢丝绳这类的索具,它的特性和机械性能在前面章节已都作了阐述。也正因为它具有诸多的优点和承受强度上的高能力所以在起重作业中使用最广泛。但是无论它多么的优秀和精良,总有使用的年限和使用不当造成的损伤。如保管保养不当,钢丝绳会生锈腐蚀而损坏。

例 1 在兜吊物体过程中,物体吊到位后,按规定应该将物体垫空后抽出吊索,但是有人往往草草行事,在没将物体正确垫空的情况下,利用吊车硬抽吊索造成吊索严重损伤和变形。

例 2 在吊运物体时,吊索与物体接触部位为快口或锐角时,应正确地用其他软性材料加以隔开,以达到保护吊索的目的,但有人往往不顾一切,硬性操作,严重时造成事故,轻者造成吊索具损伤,这样的事例,在起重作业事故中不胜枚举。

例 3 使用不当,超负荷使用,与滑轮轮槽不匹配等等都会损伤钢丝绳,影响它的使用寿命。

综合以上的情况,为了确保起重作业中的安全,笔者总结的判别钢丝绳的报废条件如下。

1. 钢丝绳在一个节距内断丝达 7 ~ 8 根即应报废。

2. 钢丝绳表面磨损量。直径减小,若超过钢丝直径的 40% 时,可作报废处理。

3. 钢丝绳在使用不当时造成断腰或者钢丝绳的绳芯被挤出,整绳的结构破坏,这样的钢丝绳决不能再使用应立即报废。

4. 超载使用过的钢丝绳及使用不当造成钢丝绳的外观严重变形,或有明显的卷缩、堆聚现象,应作报废处理。

5. 在运输或吊装金属溶液,炽热材料,含酸、易燃和有毒物件的钢丝绳,受过化学介质腐蚀,此类钢丝绳应于报废。

九、钢丝绳别股头(套环)的编插方法

在起重作业中,用于连接吊物与吊钩或滑轮组的钢丝绳两端都有编插成形的别股头,有的也称为套环、绳套、绳扣,这种类型的钢丝绳,我们通常称为吊索或“千斤”。在使用中通常以副为单位,二根或四根一起使用,有的吊车钩子上为了使用吊物方便,配置固定的一副钢丝绳(二根或四根)作为“上千斤”。

这一“千斤”吊索的长短,可根据生产实际的需要,将钢丝绳截断后,自行编插而成。这一手工操作技能,是所有起重作业人员必须应该掌握的方面之一。

通常吊索“别股头”(套环)制作形式有三种即采用编插的方法,采用高强度合金铝管压制,采用钢丝绳绳夹(长扣)。以上三种形式,在起重作业使用中,性能最差的是第三种,它是一种应急使用的操作方法,抗拉强度也最差。其次是第二种,它只适合作吊索,具有一定的抗拉强度。但制作成本大,不适合大直径钢丝绳的制作,也不利于穿绕滑轮或滑轮组。最佳的是人工编插法,它不但抗拉强度大,而且制作方便,小直径的钢丝绳的编插只要有穿插“扦子”(猛刺)就能进行钢丝绳的编插。

人工编插钢丝绳这一方法,不但能将钢丝绳制成所需长度的吊索,同时还能将钢丝绳两

头对接编插成圆吊环形式,用于特种场合的起重吊装作业。还可以将二根长短不一的钢丝绳,通过对接编插成一根达到所需长度的钢丝绳以解决生产实际中的困难,在使用卷扬机时经常会遇到。

1. 编插工具

编插钢丝绳的工具,主要有钢丝绳切断器,或插子和凿子及“扦子”(猛刺、穿针)。扦子的式样有两种。一种为圆锥形,如图 2-5 所示,小直径的钢丝绳编插时,一般选用 $\phi 30$ mm 的圆钢,经车床加工而成,这一工具一般适用顺绕穿插的方法。第二种为扁锥形如图 2-6 所示。它适用于隔花穿插的方法。

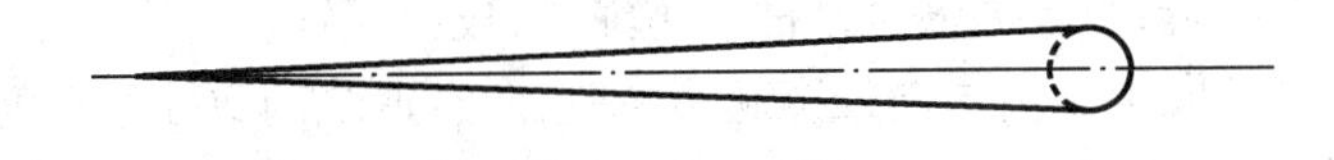

图 2-5　圆锥形穿针(猛刺)

2. 编插方法(以 6 股钢丝绳为例)

(1)编插前准备工作

编插钢丝绳时首先要根据所需钢丝绳吊索的长度进行计算,得出要截取多长的钢丝绳为宜,然后将钢丝绳从绳卷上放开,按要求的长度将钢丝绳割下来,为了避免截下来后钢丝绳散股,通常在截取之前用胶布、细棉绳或铁丝扎牢。

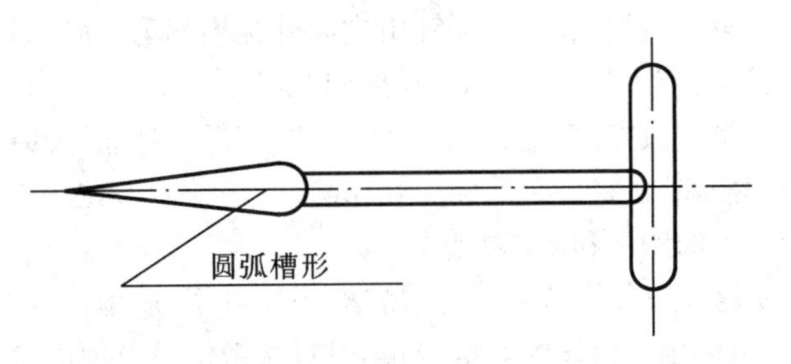

图 2-6　扁锥形穿针(猛刺)

制作吊索所需截取钢丝绳的总长度可按下式进行计算,即

$$L=(l-2m)+2n+2(m\times 2.4)$$

式中　L——所需截取钢丝绳卡度;

l——所需制成吊索的长度;

m——别股头自然尺寸长度;

n——钢丝绳插头长度 $\phi 175$ mm 以下,$n=20\sim 30$ cm;

2.4——系数。

例　在吊一台设备时需要一副四根,$\phi 15.5$ mm 长度为 3 m,别股头为 30 cm 的吊索,问此时每制作一根吊索所需截取多少长度的钢丝绳为宜?

已知:$l=3$ m $=300$ cm,$m=30$ cm,$n=25$ cm,求 L。

解　$L=(l-2m)+2n+2(m\times 2.4)$

$=(300-2\times 30)+2\times 25+2(30\times 2.4)$

$=240+50+144$

$=434$ cm

答:每制作一根 3 m 长的吊索所需钢丝绳卡度为 434 cm。

在截取下钢丝绳后,将钢丝绳放在地上拉直,用尺分别量出两头 n 和 m 的长度,并做上醒目的记号。

如所需这一规格的吊索两根以上或较多时,可先将计算出的数据在平整地面上分别划出 L 和两头 n、m,这样就能基本保证每根钢丝绳的划线长度和记号的一致性。

(2)绳头顺穿法

根据记号分别将钢丝绳两头对称地分成两份,即左右各三股,然后再绕成所需大小的别股头(注:绳花必须绕在其中不得外露),钢丝绳绳尾形成左右各三股(插头)。

(3)编插顺序

在编绕成所需大小尺寸的别股头后,将所需编插的别股头朝左侧,摆放形成上、下各三股的状态。左手压住别股头,右手拿穿针,先穿入以内外的第一股将绳芯嵌在穿针下,穿针压住绳芯,顺该股向右绕转,直至绳芯全部嵌入主绳内,拔出穿针。

插绕第一股时,穿针同上。由内向外穿起第一股,向右退绕约 90 度,将朝内的第一插头从穿针头部左侧空隙中穿入拉出拉紧该插股,完成该股的第一"克"。此时穿针再向右顺绕约 180 度,同上将第一股再由穿针头部左侧空隙中穿入拉出,再反拉收紧,完成第二"克",再反复第二顺序,直至完成四克,第一股即穿绕结束。

第二股按顺序,用穿针由内向外穿挑起第二股,向右顺转 90 度,再将该三股插绳的中间一股,实施穿绕方法同上,穿插四"克"。

第三股穿绕方法同上,在完成穿绕后,将别股头原地翻身,按股的顺序重复以上操作,直至编插完成,将多余的插头绳切除,并用铁锤敲拉一下,使之在镶嵌处圆润。另一头同样采用以上的顺序和制作方法。

这一制作方法,其优点易学、制作方便、适用性强。如果钢丝绳使用长度满足不了需要时,也可用于钢丝绳对接接长,但对接钢丝绳必须同直径规格,插接部位的长度为钢丝绳直径的 20~25 倍。

(4)一进三编插法

所谓的一进三编插法,是指被插的钢丝绳起头的第一道缝分别插入破头 1,2,3 股钢丝绳插头绳的一种编插方法。

一进三编插法的编插过程,可以分为三个步骤即起头编插、中间编插和收尾编插。

在编插前按前面要求截取所需长度的钢丝绳,同时分别做上 n 和 m 的醒目记号。

起头编插为了方便叙述,将钢丝绳的破头(插头 n)和插缝编上号,如图 2-7 所示。插头的编号为①②③④⑤⑥,钢丝绳上的插缝编号为 1,2,3,4,5,6。

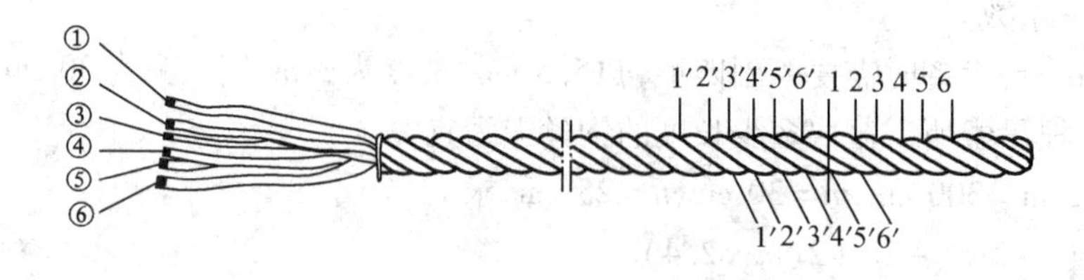

图 2-7　钢丝绳插缝及插头的编号

起头编插共需插穿六次,如图 2-8 所示。

第一次从 1 缝插入 4′缝穿入插头①。

第二次从 1 缝插入 5′缝穿入插头②。

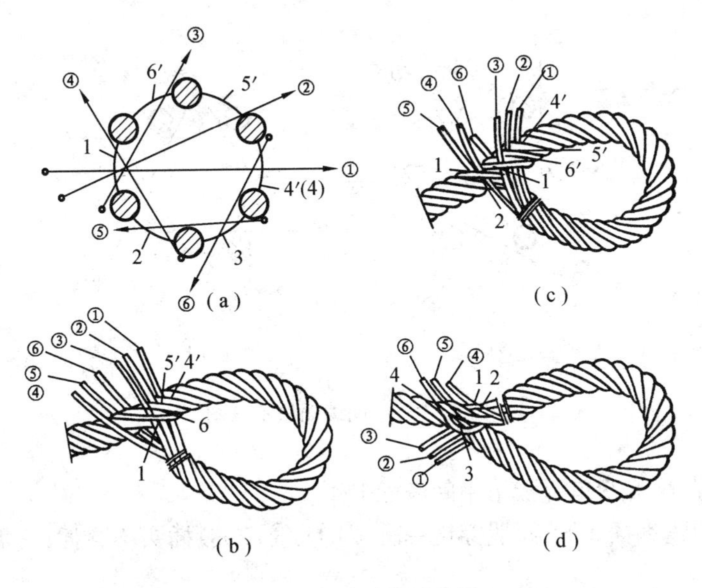

图 2－8　起头编插示意图

第三次从 1 缝插入 6′缝穿入插头③。

第四次从 2 缝插入 1′缝穿入插头④。

第五次从 3 缝插入 2′缝穿入插头⑤。

第六次从 4 缝插入 3′缝穿入插头⑥。

经过这六次编插就完成了第一步的起头编插。

中间编插共需经过十八次的穿插。中间编插有两种形式，一种为被穿插的插头股，每隔一缝插进一股，将插股穿出。另一种为将被穿插的插头每隔一缝插进二股，将插头穿出。但不论哪种形式，它们的起头编插和收尾编插都完全一样，下面分别介绍这两种形式的中间编插法。

第一种形式，如图 2－9(a)所示。

第一次从 5 缝插入 4 缝穿出插头股①。

第二次从 6 缝插入 5 缝穿出插头股②。

第三次从 1 缝插入 6 缝穿出插头股③。

第四次从 2 缝插入 1 缝穿出插头股④。

第五次从 3 缝插入 2 缝穿出插头股⑤。

第六次从 4 缝插入 3 缝穿出插头股⑥。

这样依次序穿插 18 次就完成了中间编插工作。

第二种形式，按图 2－9(b)所示。

第一次从 6 缝插入 4 缝穿出插头股①。

第二次从 1 缝插入 5 缝穿出插头股②。

第三次从 2 缝插入 6 缝穿出插头股③。

第四次从 3 缝插入 1 缝穿出插头股④。

第五次从 4 缝插入 2 缝穿出插头股⑤。

第六次从 5 缝插入 3 缝穿出插头股⑥。

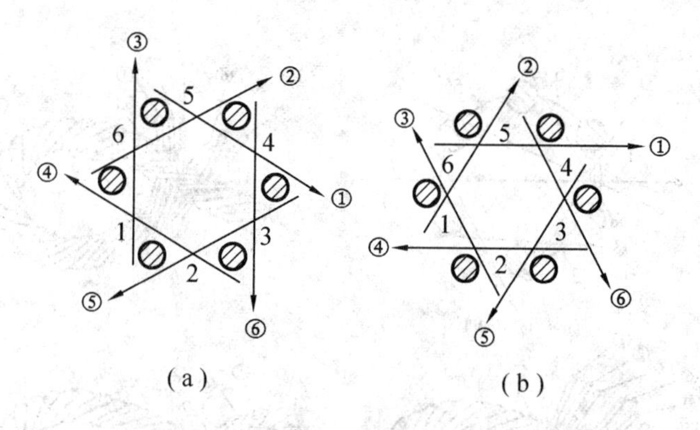

图 2－9　中间编插法示意图

依这样次序插 18 次就完成了中间编插工作。

收尾编插只需编插 3 股，每股穿插一次，即①、③、⑤股插头不穿插，只需穿插②、④、⑥股插头。

第一次从 6 缝插入 5 缝穿出插头股②。

第二次从 2 缝插入 1 缝穿出插头股④。

第三次从 4 缝插入 3 缝穿出插头股⑥。

一进三编插法的起头插、中间插和收尾插，共需进行 27 次穿插，才能完成整个“别股头”（套环）的过程。

当然钢丝绳别股头的编插方法还有多种，只能靠自己学习掌握。

第三节　链　　条

一、链条的用途和分类

链条在起重机械和在特定环境场合下起重吊装作业使用较为普遍。如锻造作业利用它来吊运炽热物件，铸造过程中利用它作为吊索吊运铁水钢包，在造修船过程利用它的特性，对螺旋桨进行捆扎。另外在化工镀锌作业中也广泛使用，在起重机械中用得也较多。

链条又称为链索，普通的链索由 A_3 或 A_2 低碳钢制成，特殊用的链条，可采用优质合金钢制成。

普通链索的制造，采用焊接或冲压两种方法制成，焊接后必须作退火处理。根据链条的用途不同可分为无挡环链、片状链、撑环链（有挡环链）三种。

焊接环链常用于起重机械、捆扎及吊运各种设备和构件，以及小型起重工具（手拉葫芦）。

片状链常用于起重叉车上提升或下降物体等场合和机械。

撑环链主要用于各种船舶锚链。

链条的优点是绕性比较好，破断力大、磨损小、与链轮的啮合可靠。

链条的缺点是自身质量大，在受力的情况下，有突然断裂的可能性，安全可靠性较差，环与链条接触处的磨损大，传动不平稳可能承受冲击载荷，故手拉葫芦在使用时必须严格把握正确使用。

二、链条的受力计算

链条的计算公式

1. 无挡环链破断力

$$Q \approx 40d^2$$

2. 无挡环链使用拉力

$$P \approx \frac{40d^2}{K}$$

3. 有挡环链破断力

$$Q \approx 60D^2$$

4. 有挡环链使用拉力

$$P \approx \frac{60d^2}{K}$$

在一般状态下，链条选用过程中其安全系数取 6 倍，即 $K=6$。

例 有一根 ϕ20 mm 的无挡环链，它的破断拉力和使用拉力各为多少？$K=6$

破断拉力

$$Q \approx 40d^2 \approx 40 \times 20^2 \approx 16\ 000\ \text{kgf}$$

使用拉力

$$P \approx \frac{40d^2}{K} \approx \frac{40 \times 20^2}{6} \approx 2\ 666.67\ \text{kgf}$$

答：一根 ϕ20 mm 的无挡环链破断拉力为 16 000 kgf，用拉力为 2 666.67 kgf。

三、链条使用时的注意事项

1. 链条在使用过程中，无论是捆扎设备还是构件，在起重机械中必须注意理直，不得扭转，一旦出现扭转现象必须理顺，不然会降低链条的强度，同时会造成起重机械、机件的损坏，严重时链条易断裂酿成事故。

2. 链条长时间使用后，磨损量超过链环直径的 5% 时，应重新计算查核，根据计算的结果降低吊物质量，或者报废换新链。

3. 链条在使用前，必须按有关规范进行拉力试验，任何人不得盲目采用不符合要求的链条进行起重作业。

4. 链条使用后必须存放在干燥处，以防链条受潮湿锈蚀。

5. 链条不得超负荷使用。

四、链条的主要类型和特点(表 2 –5)

表 2 –5　链条的主要类型与特点

名称		链条的类型	特点简述
环链焊接链	长环链		凡是链环的长度 $L \geqslant 5d$(d 是圆钢直径),宽度 $B \geqslant 3.5d$ 的链条,都属于长环链条,这种长环链常用于船舶修造过程中吊挂钢脚手,装设浮标以及锚锁等,起重作业中可能用于吊物
	短环链		短环链能用于特殊场合下的吊物,及起重机械中的传动链。如船上舱口盖开启过程中的传动,以及手拉葫芦的起重链和特殊场合下的链条式取物装置,并分为:1. 标准环链、环链误差极限为链钢直径为 ±3%,宽为 ±5%;2. 非标准链其误差极限链环及宽度均匀为链钢圆直径的 ±10%
撑环链			撑环链用于强力荷载的状况下。如船舶锚链、浮筒下部的锚链、浮桥固定等。由于在环链的各环中加一字撑,有效地防止受力过程中应力变形,并易使链条与链轮很好的结合,加大了活动性。
片状链		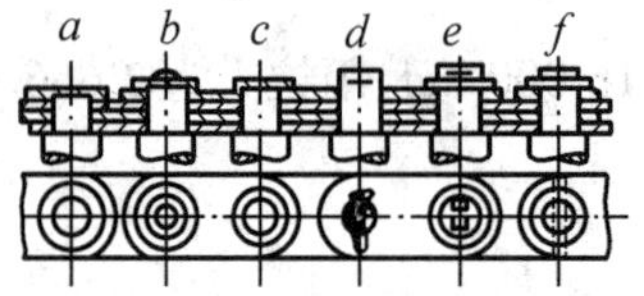 a　b　c　d　e　f a—滚子两端铆接;b,c—滚子两端加垫圈铆接;d,e,f—无丝销连接分有、无垫圈	适用于起重机械和机械传动,并且活动性大,如起重机械、铲车、堆桩机械中的铲脚升降装置等 在传动绞车低速小于 0.25 m/s,及重荷载之用,在通常情况下其最大工作速度可达 1.5 m/s

焊接链的安全系数 K 值(表 2 –6)。

表 2 –6　焊接链的安全系数 K 值表

工作状况	光面滚动起重		链轮带动起重			绑扎物体(起重)	
	手动	电动	手动	电动	机械传动	手动	电动
K	3	6	3	8		≥6	≥6

第四节 卸 扣

卸扣又称为卸甲、卸克、长环等，它是起重作业中最为广泛使用的连接工具，常常用来连接吊索、起重滑轮、滑轮组、吊环、钢丝绳的固定、物件捆扎吊点，有时也用于各种吊索之间的连接等。

一、卸扣的制作方法

一般都采用锻造的方法，不允许用铸造的方法来制造，锻造卸扣的材料常用20号或25号碳素钢(低碳钢)，锻造后需经过热处理，以消除卸扣在锻造过程中产生的内应力，并增加卸扣的韧性。

卸扣的构造形状比较简单，如图2－10。

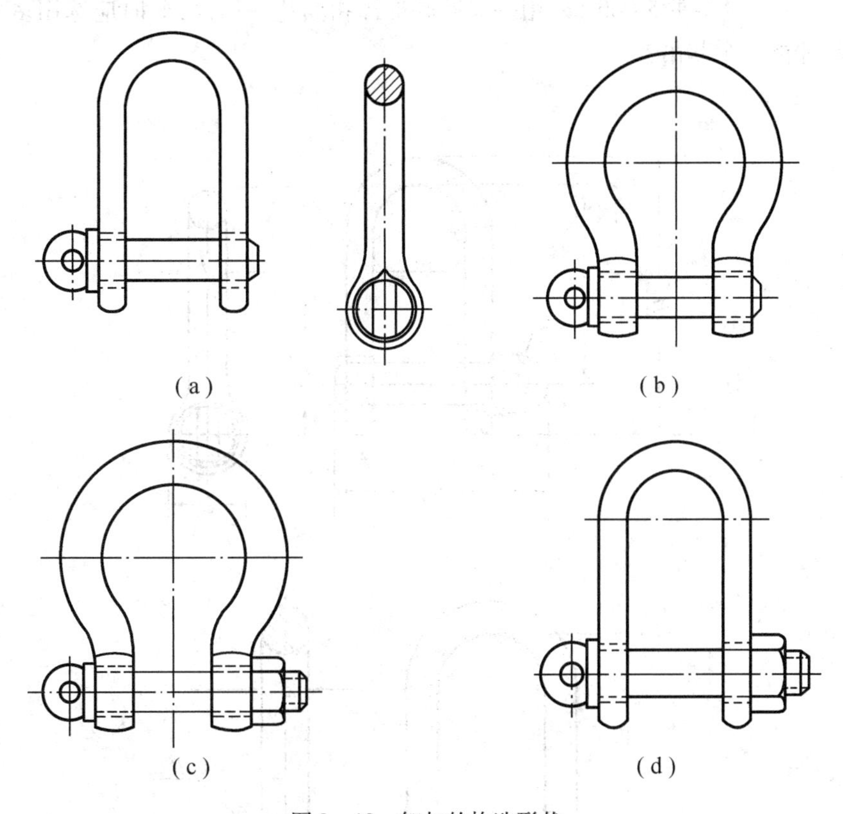

图2－10 卸扣的构造形状

(a)直肚型(螺旋式)；(b)胖肚型(螺旋式)；(c)胖肚型(销子式)；(d)直肚型(销子式)

根据横销固定方法的不同，卸扣又可分为销子式和螺旋式两种。在这两种卸扣的基础上，它的形状可分为两种，一种叫直肚形(马蹄形)，另一种叫胖肚形(元宝形)。由于它的形状不同，所以用处也有所不同，一般而言，直肚形卸扣，用于常规单独吊装作业较多。胖肚形卸扣常用于物体捆扎吊点、手拉葫芦、手拉葫芦的接替，两付或两付以上滑轮组之间的相互接替等。这是由于它的长环较大，便于卸扣与卸扣之间活动缘故。这些卸扣都是螺旋式的。

由于螺旋式卸扣的横销在使用中拆装很方便迅速，故在起重作业中最为常用。螺旋式卸扣是由卸扣本体和横销的两部分组成，销子式卸扣则有卸扣本体、横销及横销螺母三个部分组成。一般大型卸扣的制作形式都为销子式，小型卸扣选用销子式一般用在固定的特殊场合，如船舶上的滑轮的连接固定等。

二、卸扣的受力计算

估算公式

$$Q \approx 6D^2$$

式中　Q——允许使用的负荷量，kgf；

D——卸扣弯环部分直径，mm。

例 1　有一只卸扣，它的直径为 28 mm，求它的允许使用拉力是多少？

解：使用拉力 $Q \approx 6D^2 \approx 6 \times 28^2 \approx 4\ 704$ kgf。

答：它的使用拉力是 4 704 kgf。

例 2　有一台设备重 5 000 kg，用一只胖肚形卸扣捆扎一吊点，此时应选用多大直径的胖肚形卸扣才能安全起吊？

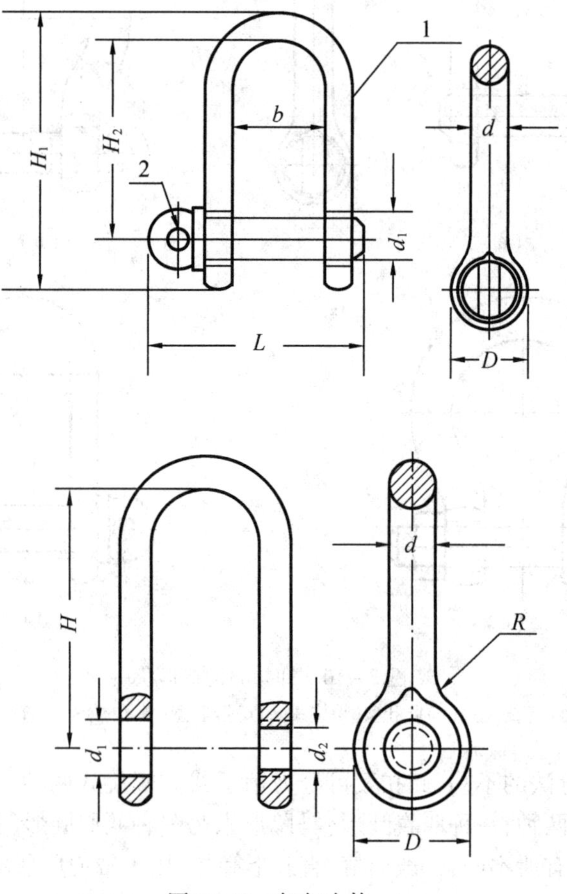

图 2-11　卸扣本体

1—卸扣本体；2—横销

根据估算公式：$Q\approx 6D^2$，则

$$D\approx\sqrt{\frac{Q}{6}}\approx\sqrt{\frac{5\ 000}{6}}$$

$$D\approx 28.87\ \text{mm}$$

答：应选用大于 28.87 mm 的卸扣才能安全起吊。

三、卸扣使用时的注意事项

1. 卸扣在使用时，必须注意作用在卸扣结构上的受力方向，严禁横向受力。

2. 卸扣在安装横销时，螺牙旋足后，应向回松半牙，防止螺牙旋紧受力后横销旋不动。

3. 卸扣在安装后，钢丝绳受力时应仔细检查受力点是否在横销上，如发现受力点在卸扣的本体上应作及时纠正，防止卸扣受力后变形。

4. 卸扣在使用过程中，必须注意其销子的方向，如使用方法有误，会影响起重作业的顺利进行。如捆扎物体吊点的卸扣，其销子必须朝下，不能朝上。用手拉葫芦接驳物体时，更应注意其销子的方向，决不能朝上。

5. 卸扣在施工使用过程中不能高空抛掷或当锤子使用，以免使卸扣产生损伤，降低卸扣的使用拉力，酿成事故的发生。

6. 卸扣在正确使用的同时严禁超负荷使用。

四、卸扣规格尺寸及容许负荷

表 2－7

单位：mm

卸扣号码	钢索直径最大的	许用负荷/kgf	D	H_1	H	L	理论质量/kg
0.2	4.7	200	15	49	35	35	0.089
0.3	6.5	330	19	63	45	44	0.089
0.5	8.5	500	23	72	50	55	0.162
0.9	9.5	930	29	87	60	65	0.304
1.4	13	1 450	38	115	80	86	0.661
2.1	15	2 100	46	133	90	101	1.145
2.7	17.5	2 700	48	146	100	111	1.560
3.3	19.5	3 300	58	163	110	123	2.210
4.1	22	4 100	66	180	120	137	3.115
4.9	26	4 900	12	196	130	153	4.050
6.8	28	6 800	77	225	150	176	6.270
9.0	31	9 000	87	256	170	197	9.280
10.7	34	10 700	97	284	190	218	12.400
16.0	43.5	1 600	117	346	235	262	20.900

注：以上根据（沪 Q/JB44－62）卸扣一览

表 2－8　　单位：mm

卸扣号码	b	D	d	d_1	d_2	H	理论质量/kg
0.2	12	15	6	8.5	M8	35	0.024
0.3	16	19	8	10.5	M10	45	0.062
0.5	20	23	10	12.5	M12	50	0.114
0.9	24	29	12	16.5	M16	60	0.204
1.4	32	38	16	21	M20	80	0.471
2.1	36	46	20	26	M24	90	0.805
2.7	40	48	22	29	M27	100	1.080
3.3	45	58	24	33	M30	110	1.530
4.1	50	66	27	37	M33	120	2.180
4.9	58	72	30	40	M36	130	2.820
6.8	64	77	36	46	M42	150	4.400
9.0	70	87	42	51	M48	170	6.650
10.7	80	97	45	56	M52	190	8.800
16.0	100	117	52	66	M64	235	14.300

第五节　吊　　环

一、吊环的作用与种类

吊环是起重吊装作业中的取物装置，它在安装设备、拆卸设备部件时经常用到，它往往固定设置在专门吊点，便于吊装作业，如齿轮箱上盖上、吊环螺钉等。

吊环的形式很多，例如螺钉式、眼板式（吊马）、吊钩式等，而且可与钢丝绳、链条等组成各种吊具，在起重作业中取物方便、迅速、安全可靠。

吊环一般是用 20 号钢或 16 mm 钢制造，表面应光洁，不应有刻痕、锐角、接缝和裂纹等现象。吊环在使用中一旦断裂，极易造成事故，因此对吊环的使用必须注意安全，不得超负荷使用。

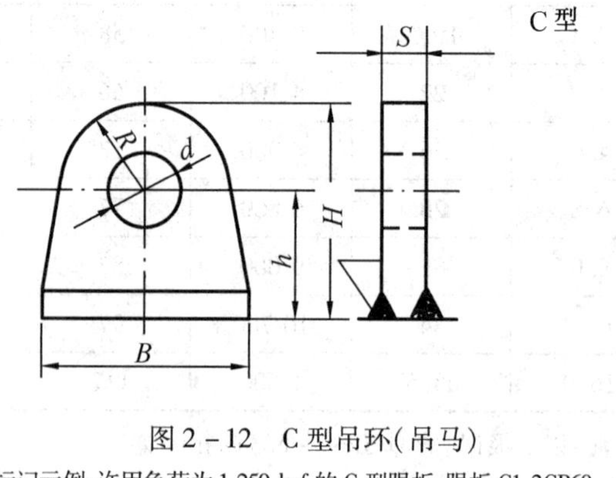

二、吊环常见的种类及主要数据

图 2－12　C 型吊环（吊马）

标记示例：许用负荷为 1 250 kgf 的 C 型眼板：眼板 C1.2CB60－64

（1）C 型吊环（吊马），如图 2－12

所示。

(2)C 型吊环(吊马)主要数据,见表 2-9。

表 2-9　C 型吊环(吊马)CB60-64　　单位:mm

C 型吊环型号	许用负荷/kgf	最大钢索直径	B	H	h	S	d	R	质量/kg
C0.6	600	8.5	50	50	30	10	15	20	0.15
C0.9	900	9.5	60	60	36	12	19	22	0.26
C1.2	1 250	11	70	75	48	14	22	25	0.4
C1.7	1 750	13	85	80	52	16	24	28	0.51
C2.1	2 100	15	90	86	56	18	26	30	0.77
C2.7	2 750	17.5	105	97	62	20	31	35	0.99
C3.5	3 500	19	120	110	70	22	35	40	1.17
C4.5	4 500	22	135	125	80	26	40	46	2.34
C6	6 000	26	150	135	85	30	44	50	3.12

(3)A 型吊环(吊马)如图 2-14 所示。

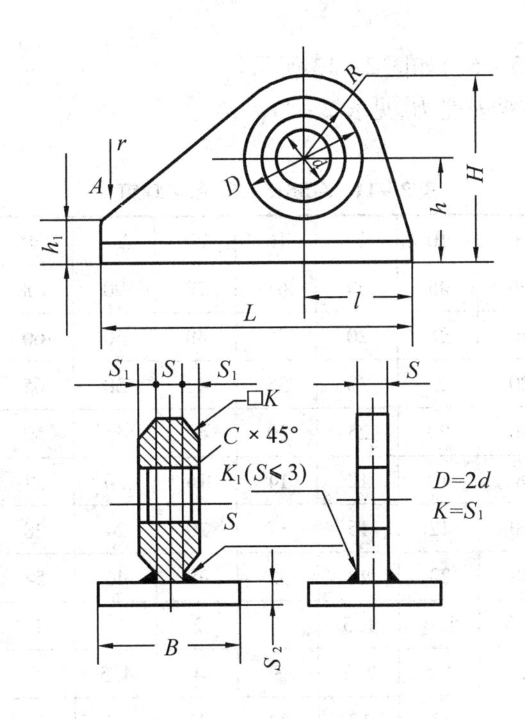

图 2-14　A 型吊环(吊马)

标记示例:许用负荷为 2 750 kgf 的 A 型眼板:眼板 A2.7 CB60-64

(4)A 型吊环(吊马)主要数据见表 2-10。

表 2－10　A 型吊环(吊马)CB60－64

单位:mm

A 型吊环型号	许用负荷/kg	最大钢索直径	L	B	H	d	R	I	h	h_1	r	S	S_1	S_2	C	k_1	质量/kg
A0.6	600	8.5	76	34	46	15	20	24	26	10	5	6		5		5	0.22
A0.9	900	9.5	90	40	54	19	23	29	31	12	6	8		6		6	0.40
A1.2	1 250	11	108	50	65	22	27	34	38	16	8	10		8		0.72	
A1.7	1 750	13	129	58	70	24	28	42	42	17	9	12		9			0.83
A2.1	2 100	15	138	62	76	26	30	45	46	19	9	12		10			1.08
A2.7	2 750	17.5	158	70	87	31	35	51	52	20	11	12	4	10	1.5		1.77
A3.5	3 500	19.5	184	83	100	35	40	60	60	23	12	12	5	12	2		2.55
A4.5	4 500	22.5	210	95	115	40	46	69	69	26	14	14	6	14	2		3.9
A6	6 000	26	232	105	127	44	50	75	77	30	16	18	6	16	2		6
A7.5	7500	28	267	120	146	50	58	87	88	32	18	18	8	18	2		7.1
A9.5	9 500	31	292	132	160	55	64	95	96	35	20	20	9	20	2		10.8
A11	11 000	33.5	320	144	175	61	70	105	105	38	22	22	9	22	2.5		14.3
A14	14 000	39	355	160	194	66	76	115	118	45	24	28	10	25	2.5		21.7
A17.5	17 500	43.5	340	175	214	72	84	126	130	49	26	30	12	28	2.5		28.8
A21	21 000	48.5	422	190	231	77	91	137	140	52	28	32	14	30	2.5		35.5

(5)吊环螺钉(GB825－67)如图 2－13 所示。

(6)吊环螺钉主要数据及受力,见表 2－11。

表 2－11　GB825－67 吊环螺钉

单位:mm

各部位的主要数据	d	8	10	12	16	20	24	30	36	42	48
	D	36	45	54	63	72	90	108	126	144	162
	D_1	20	25	20	35	40	50	60	70	80	90
	D_2	20	25	30	35	40	50	65	75	89	95
	L	16	20	25	30	40	45	50	60	70	80
	d_1	8	10	12	14	16	20	24	28	32	36
	b	10	12	15	17	20	24	28	34	39	44
	h	18	23	28	32	38	46	54	64	73	83
	r	1.5	1.5	1.5	2	2	3	3	3	3	3
	$f \leqslant$	2	2.5	2.5	3	4	4.5	5	6	7	7.5
	d_2	13	15	17	22	26	32	39	45	51	58
	h_2	5	6	7	8	10	12	14	16	18	20
每 1 000 个钢螺钉质量/kg		54	111	178	295	470	873	1 580	2 441	3 718	5 541

表 2－11(续)

静载荷/kgf		120	200	300	550	850	1 250	2 000	3 000	4 000	5 000
		160	250	350	550	650	1 000	1 400	2 000	2 600	3 300
		80	125	175	250	300	500	700	1 000	1 300	1 600

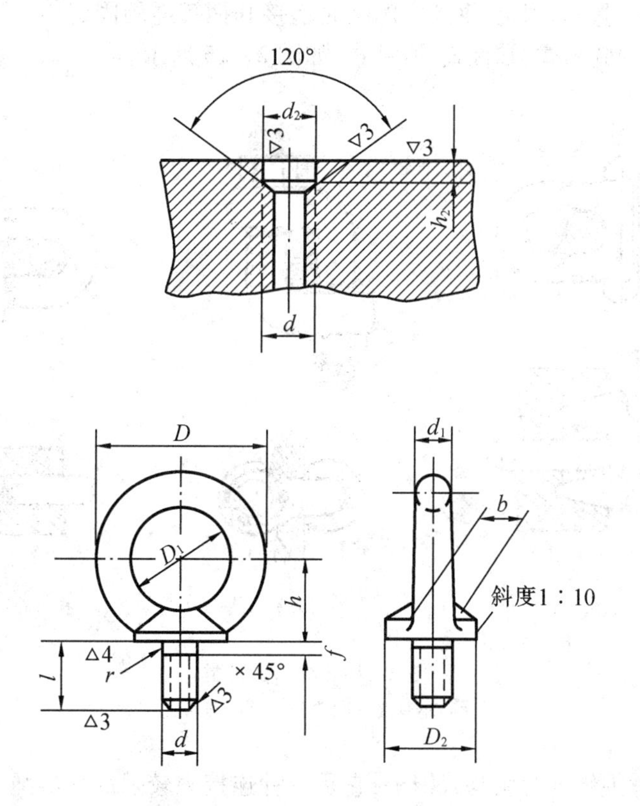

图 2－13　吊环螺钉(GB825－67)

标记示例:粗牙普通螺纹,直径为 20 mm 的吊环螺钉:螺钉 M20 GB825—67

三、吊环使用注意事项

(1)吊环使用时必须注意其受力方向,从力学角度分析和实际使用效果而言,吊环垂直受力情况最佳,纵向受力稍差,严禁横向受力。

(2)吊环螺牙在旋紧的状态下才能使用。检查紧松,最好用扳手或元钢用力扳紧,防止由于拧得太松,吊索受力时打转使物件脱落,造成事故。

(3)吊环螺钉在使用时,如发现螺牙太长,拧得不足时,需加垫片(华司),然后再拧紧方可使用。

(4)吊环螺钉如变形损坏不得使用,如本体螺母有问题不能修复到完好状态,也不能使用螺钉进行吊装,以防事故发生。

(5)如果使用两个吊环螺钉工作时,两个吊环间的夹角不得大于90度。

第六节　钢丝绳绳卡的种类与使用

一、钢丝绳绳卡的种类

钢丝绳绳卡也称为钢丝绳扎头,主要用于夹紧或固定两根平行的钢丝绳,通常用于滑轮组穿绕钢丝绳末端绳头的固定、钢丝绳的临时连接和捆绑绳的固定等。钢丝绳绳卡的种类按式样分为三种,即骑马式、拳握式、压板式,如图2-15所示。

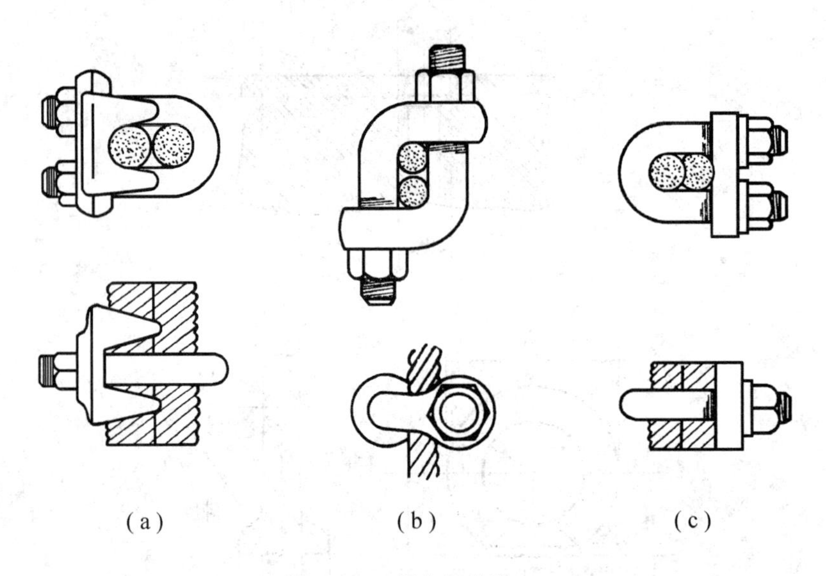

图2-15　绳卡的种类

(a)骑马式;(b)拳握式;(c)压板式

最常用的钢丝绳绳卡为骑马式绳卡,它是一种连接力较强的标准绳卡。这种绳卡采用铸造方法制造,而且表面镀锌,有较好的防锈能力。

二、钢丝绳绳卡的使用和维护

1. 选用绳卡的大小，要适合钢丝绳的粗细，如表 2－12（骑马式钢丝绳绳卡的型号规格）。每一个钢丝绳绳卡之间的距离为钢丝绳直径的 6～8 倍。

表 2－12

型　　号	配用钢丝绳直径/mm	使用绳卡数量
y1—6	6.2	3
y2—8	8.7	3
y3—10	11	3
y4—12	13	3
y5—15	15、17.5	3
y6—20	20	4
y7—22	21.5、23	4
y8—25	26	4
y9—28	28、31	5
y10—32	32.5、34.5	5
y11—40	43、47.5	5～7
y12—45	37、39	5～6
y13—50	52	>7

2. 使用钢丝绳绳卡时，应将 U 形环部分放在绳头（即活头）一边，如图 2－16所示。因为 U 形环与钢丝绳的接触小，容易使钢丝绳产生弯曲和损伤，如放在主绳一边，则会影响主绳的抗拉强度，放在绳头一边，由于 U 形环使绳头弯曲，如有松动和滑移时，绳头也不会从 U 形环中滑出，只是夹头与主绳滑动，这样有利于安全生产。

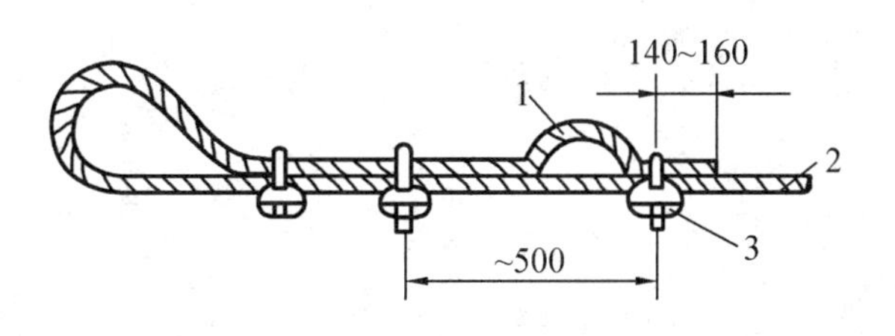

图 2－16　绳卡安装示意图

1—绳头；2—钢丝绳；3—绳卡

3. 使用钢丝绳绳卡时，一定要把 U 形环螺栓拧紧，直到钢丝绳直径被压扁约 1/3 左右为止。当钢丝绳受力后，绳卡是否滑动，可采取加放一只安全绳卡的方法来监督。安全绳卡安装在距最后一只绳卡约 300～500 mm 左右处，中间设置一段安全弯。这样，如前面绳卡有滑动现象时，安全弯会被拉直，这样就便于随时发现、及时紧固。

4. 钢丝绳绳卡使用后，要检查螺栓的螺牙是否损坏。暂不使用时，在其螺栓部位稍涂上防锈油，放置于干燥的地方，以防生锈。

第七节　应用试题

1. 白棕绳的制作材料有哪些?
2. 为什么受潮白棕绳的使用拉力要降低,可能降低多少?
3. 钢丝绳按其用途分类有哪几种?
4. 选择使用钢丝绳时应注意哪几点?
5. 钢丝绳的报废标准有哪些?
6. 链条是用什么材料制成的,它的种类有哪些?
7. 卸扣在使用过程中应注意哪些事项?
8. 吊环的受力方向哪一面最佳,为什么?
9. 钢丝绳绳卡的种类有几种?
10. 在使用绳卡过程中,为什么要设安全弯?

第三章　起重工具和小型起重设备

第一节　滑轮和滑轮组

一、滑轮的分类及它的作用和构造

滑轮的优点在于它的体积小、质量轻、携带方便、起重能力大、构造简单。按其制作材料来辨别，用钢或铸铁制成的滑轮叫铁滑轮，用坚固耐用的木料（橡木、枞木、柞木和铁犁木）制成的滑轮叫木滑轮。

滑轮和滑轮组是起重运输及吊装工作中常用的一种起重工具，用它和卷扬机配合进行吊装，牵引设备或重物，同时也可以配合各类起重机械组成提升装置。特别是在当施工现场狭窄或缺少其他起重机械时，常使用滑轮或滑轮组配合桅杆、卷扬机等进行吊装、拖移工作。

1. 滑轮的分类

（1）按滑轮的作用来分，可分为定滑轮、动滑轮、导向滑轮或平衡滑轮。如图 3－1 所示。按滑轮轮的多少来分，可以分为单门滑轮、双门滑轮、三门滑轮，直至八门及十二门。

同时必须注意在使用木制滑轮时，因它的承受负载的能力较小，只能以人力拉动，切勿与卷扬机组合使用。

（2）按滑轮与吊物的连接方式来分，有吊钩式、链环式、吊环式和吊梁式几种。一般中小型滑轮采用吊钩式、链环式和吊环式，大型的滑轮均采用吊环式和吊梁式，单门滑轮又分为开启式和闭口式两种（如图 3－2 所示）。所谓开启式就是滑轮一侧有铰链结构的反盖、滑轮内的钢丝绳可通过打开反盖，取出钢丝绳，可以采取穿插来分离钢丝绳子滑轮，这一类型的滑轮在作导向滑轮使用时最佳。

2. 滑轮的作用

（1）定滑轮——能改变力的方向，但不能省力。通常定滑轮悬挂在梁上，通过绳索使物体的运动方向与使用力方向相反。

（2）动滑轮——随被牵引的重物一起作升降式移动的滑轮叫做动滑轮，理论上它能省力但不能改变力的方向。在实际使用中可以分为省力动滑轮和省时动滑轮（又称增速动滑轮或费力动滑轮）两种（如图 3－3 所示）。

（3）导向滑轮——导向滑轮的作用，类似于定滑轮，即不省力，也不能改变速度，仅用它来改变被牵引设备或卷扬机牵引绳的使力方向，在野外安装工地或牵引设备时用得较多。

导向滑轮在使用过程中所受的力是合力，如图 3－4 所示，在一定 F 力的状态下，其合力 P 的大小，取决于 F 力的夹角大小，夹角越大合力越小、合力越大夹角越小。由图 3－4 可知：合力 $P=2F_1\cos\alpha=F_1Z$，式中 $Z=2\cos\alpha$，称之为角度系数（见表 3－1）。计算合力的方法可以用作图法求答，也可用计算法求答（如图 3－5 所示图解法）。

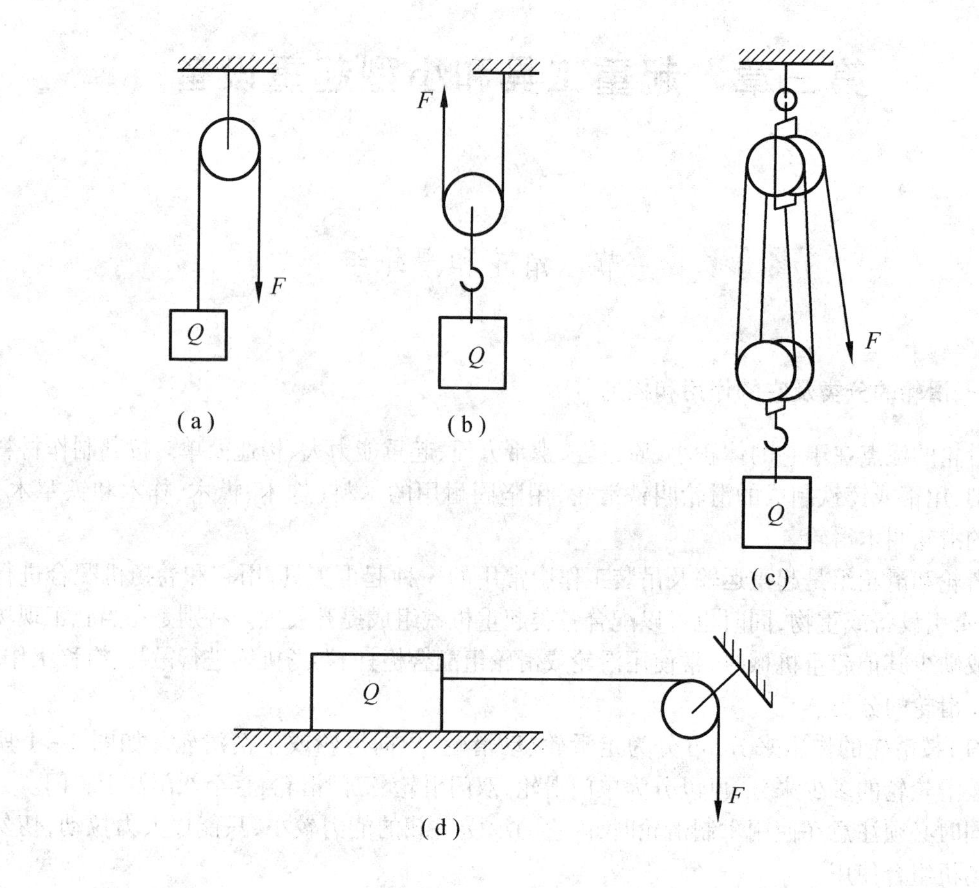

图 3－1　滑轮的分类

(a)定滑轮;(b)动滑轮;(c)滑轮组;(d)导向滑轮

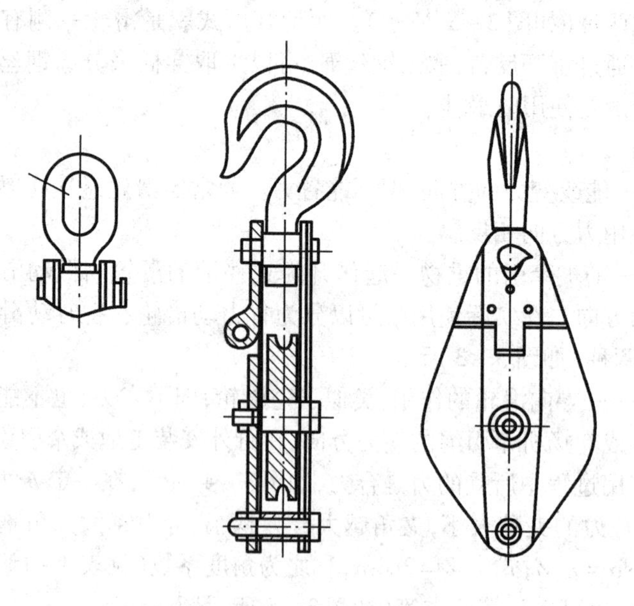

图 3－2　开启式单门滑轮

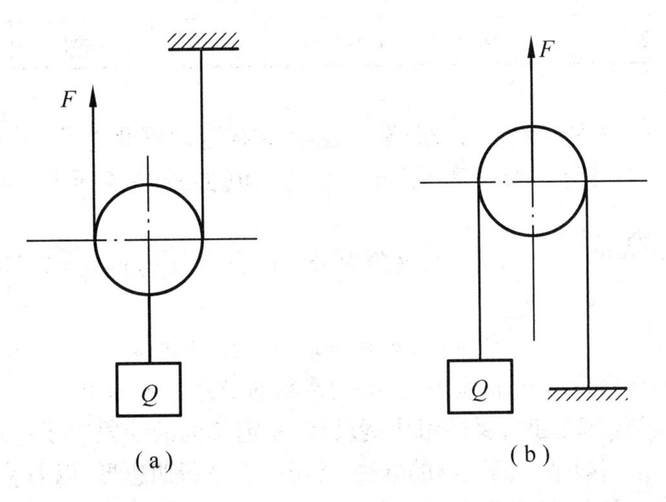

图 3－3
(a)省力动滑轮;(b)省时动滑轮(费力动滑轮)

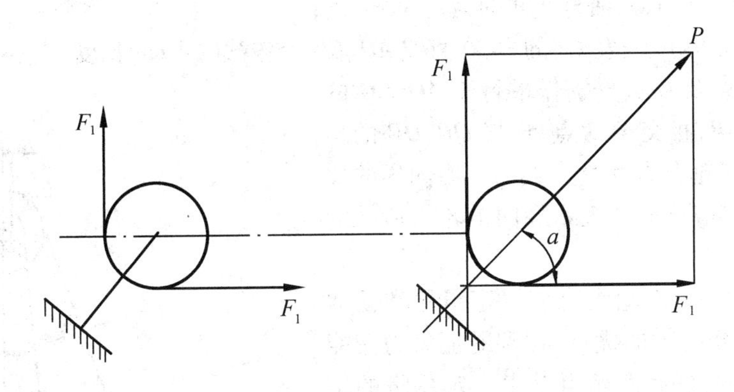

图 3－4　合力示意图

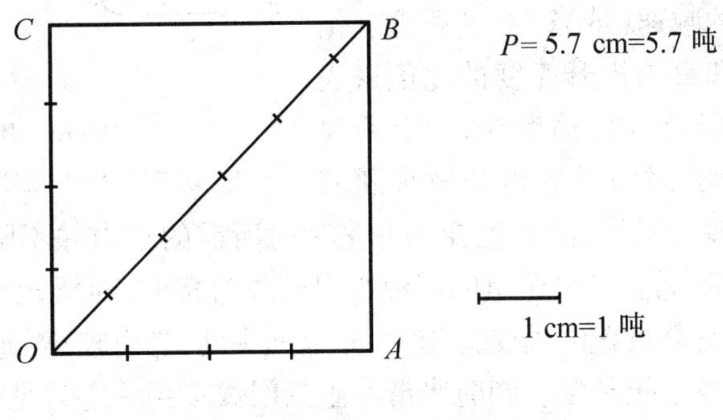

图 3－5　合力示意图

表 3-1 角度系数 Z

a	0°	15°	22.5°	30°	45°	60°
Z	2	1.94	1.84	1.73	1.41	1

例 1 用一台卷扬机牵引一台设备至安装点，在拖运过程设置了一个导向滑轮，使卷扬机跑绳形成 q_0 度（即夹角为 45°）牵引绳的拉力为 4 tf（如图 3-4 所示），问导向滑轮工作时受多大的力？

解 已知牵引绳的拉力 $F_1=4$ tf，夹角为 45°，由表 3-1 查得 $Z=1.41$，则导向滑轮所受到的合力 P 为

$$P=F_1,Z=4\times1.41=5.64 \text{ tf}$$

答：在跑绳（牵引绳）形成 q_0 度时，其导向滑轮的受力为 5.64 tf。

例 2 采用图解法作图时，要使用比例尺，以一定长度的线段表示一定大小的力，然后根据 F 力的线长，采用画平行四边形的方法，画出一个平行四边形，以 O 点量出对角线的长度，根据线段的表示大小，答出合力的大小 P。这一方法简单但只能得出近似值，如图 3-5 所示。

具体作图步骤如下：

①作条直线 AO、CO，两直线间的夹角为 90°度；

②以比例尺 1 cm 代表 1 t 的力，在直线 AO、CO 上各截取 4 cm 长度，表示 4 tf 的力；

③各从 A 点及 C 点分别作平行于 AO、CO 的平行线 CB 及 AB，相交于 B 点，连接 OB，OB 的长度就表示导向滑轮合力的受力大小。用同样的比例尺量得 $OB=5.7$ cm，即表示导向滑轮上所受的力为 5.7 tf。

(4) 滑轮组——滑轮组克服了定滑轮和动滑轮各自的缺点，集它们的优点，达到既能省力又能改变力的方向的目的，滑轮组是由一定数量的定滑轮和动滑轮以及穿绕的绳索组成（如图 3-6 所示）。

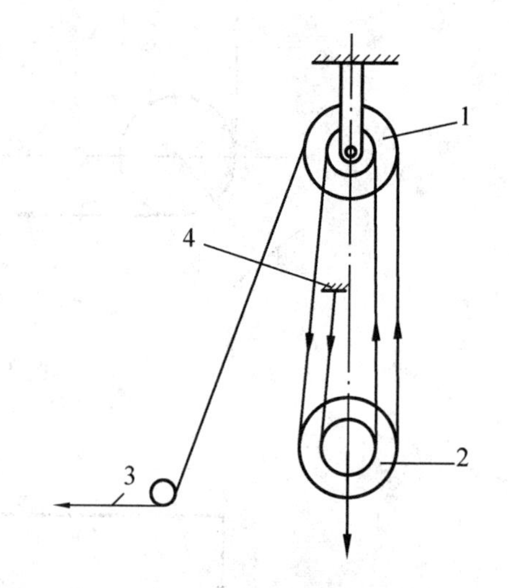

图 3-6 滑轮组简图

1—定滑轮；2—动滑轮；3—跑绳；4—死头

滑轮组的重要特性是倍率（即速变或工作绳数），用它表示滑轮组的减速（或省力）的程度。倍率通常以跑绳的速度和重物提升速度的比值来表示，即跑绳所走的距离与重物（动滑轮）上升距离之比。但比值不宜过大，因为滑轮组的效率随着工作绳数（门数）的增多而降低，滑轮组在提升重物时所需的拉力并不随着绳数（滑轮组门数）的增加而成倍数的降低。当滑轮组的门数盲目选择过多时，对滑轮组的工作是不利的，同时由于它的阻力，越是靠近跑绳处受力越大，靠近死头处，受力较小，绳索各分支的拉力相差很大，从而造成滑轮组歪扭现象。同时当滑轮组的门数多到一定数量时，由于各滑轮摩擦力的存在而增大，如果滑轮的摩擦阻力大于重物的下滑力，那么就会造成重物不能自由下滑，产生自锁现象（如表 3-2 所示滑轮组的连接方法，效率与拉力）。

表 3－2　滑轮组的连接方法;效率与拉力

滑轮组的绳数	单绳	双绳	三绳	四绳
滑轮组的连接方法	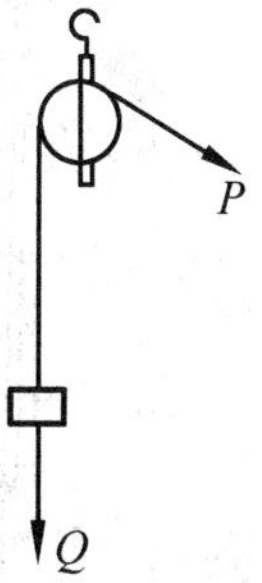 P Q	 P Q	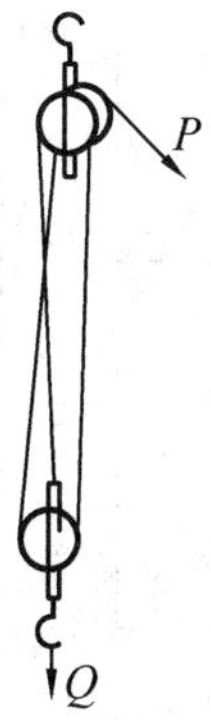 P Q	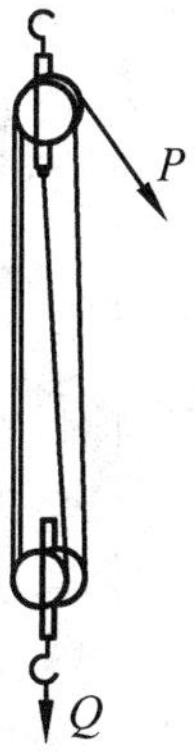 P Q
滑轮组的效率 η	0.96	0.94	0.92	0.92
起吊所需拉力 P	1.04 Q	0.53 Q	0.36 Q	0.28 Q
滑轮组的绳数	五绳	六绳	七绳	八绳
滑轮组的连接方式	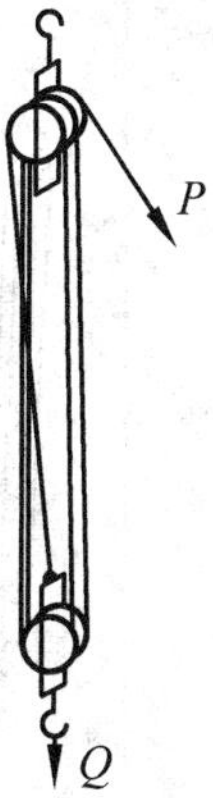 P Q	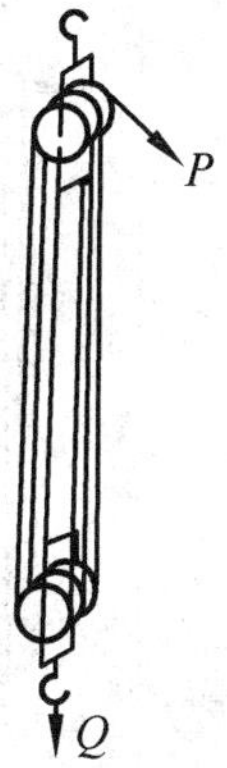 P Q	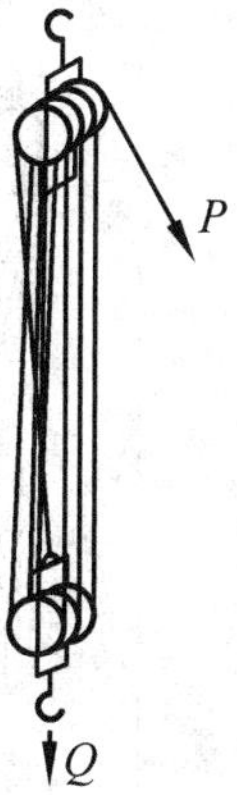 P Q	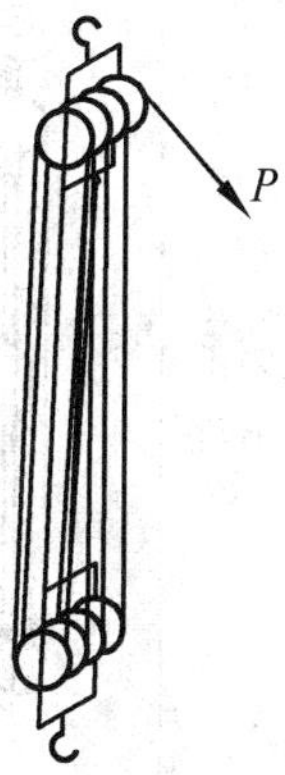 P
滑轮组的效率 η	0.88	0.87	0.86	0.85
起吊所需拉力 P	0.23 Q	0.19 Q	0.17 Q	0.15 Q
滑轮组的绳数	九绳	十绳	十一绳	十二绳

表 3－2(续)

滑轮组的绳数	单绳	双绳	三绳	四绳
滑轮组的连接方法	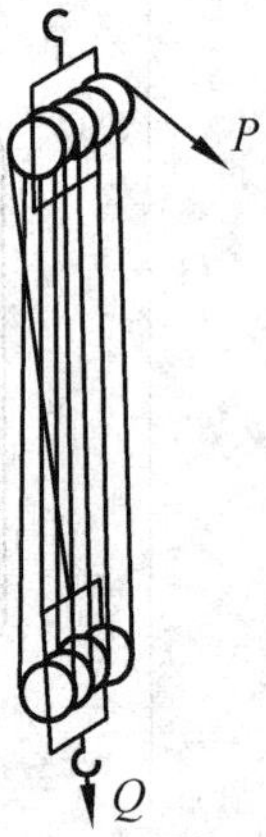	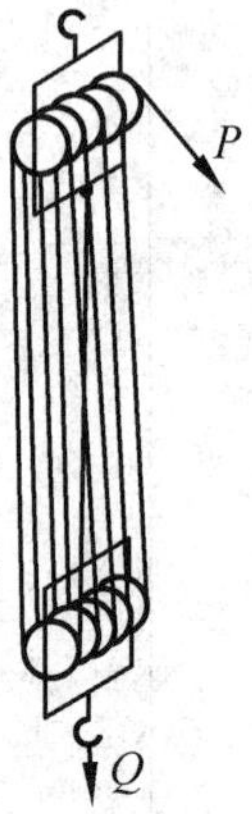	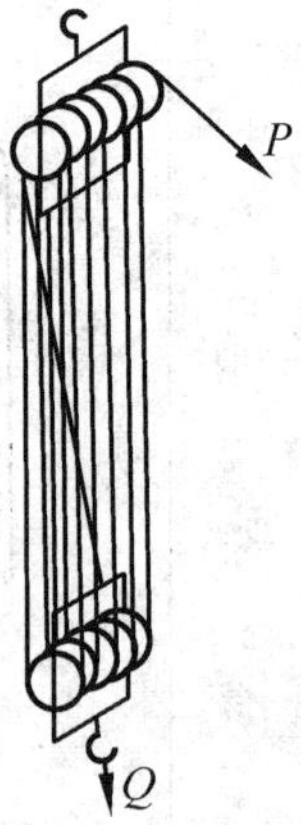	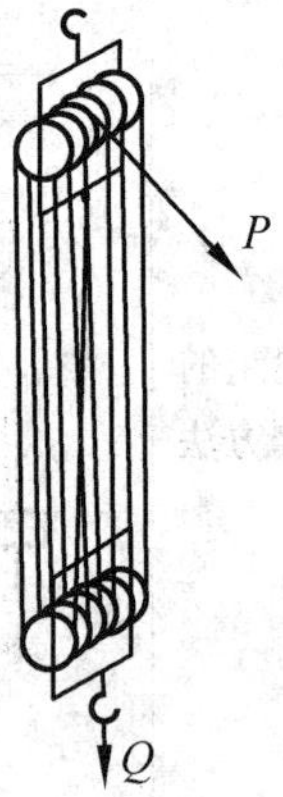
滑轮组的效率 η	0.83	0.82	0.79	0.78
起吊所需拉力 P	0.13 Q	0.12 Q	0.114 Q	0.106 Q
滑轮组的绳数	十三绳	十四绳	十五绳	十六绳
滑轮组的连接方法			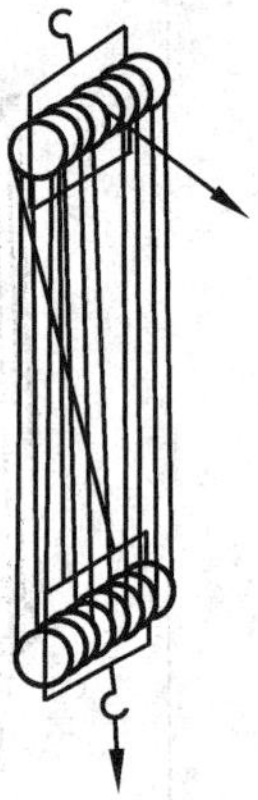	
滑轮组的效率 η	0.775	0.765	0.74	0.72
起吊所需拉力 P	0.099 Q	0.094 Q	0.09 Q	0.086 Q

二、滑轮组的主要数据及安全系数

1. 双轮至六轮吊环型起重滑轮式样和主要数据。

①双轮吊环型起重滑轮，图 3－7，主要数据如表 3－3 所示。

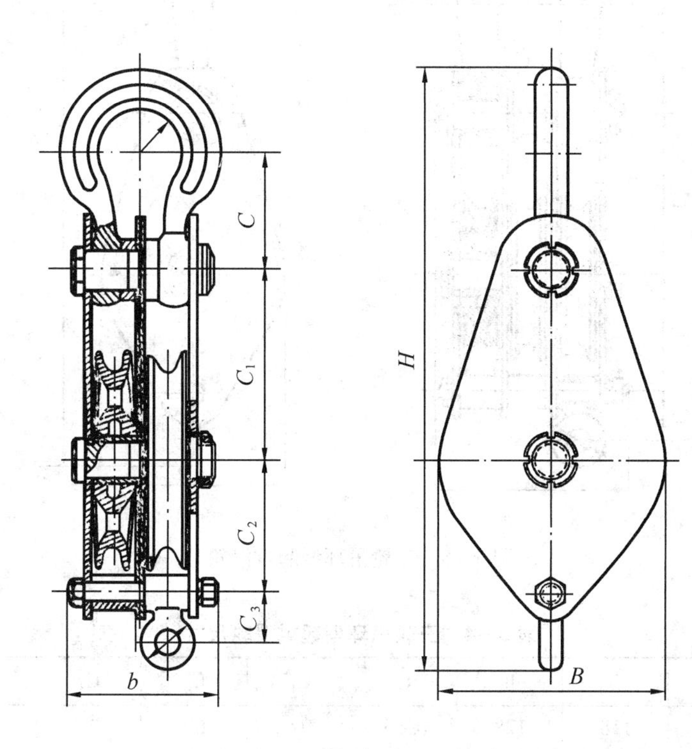

图 3－7　双轮吊环型起重滑轮

表 3－3　双轮吊环型起重滑轮尺寸　　单位：mm

型号	H	B	b	C	C_1	C_2	C_3	d	R
H1×2D	238.5	95	77	45	72	55.5	21	12	15
H2×2D	319	118	93.5	65	97	69	28	17	18
H3×2D	406	155	113.5	75	124	90	40	23	22
H5×2D	506	180	130.5	100	153	106	50	26	28
H8×2D	593.5	216	155.5	120	175	129	60	31	32
H10×2D	681	244	165.5	146	200	142	64	34	40
H16×2D	826.5	321	198.5	156	254	186	82	45	45

②三轮吊环型起重滑轮，图 3－8，主要数据见表 3－4。

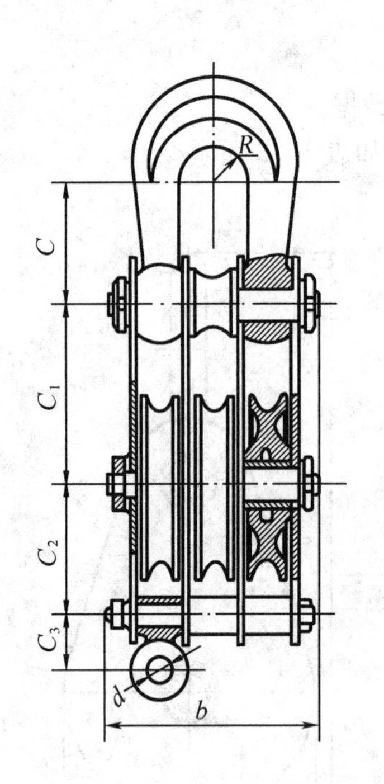

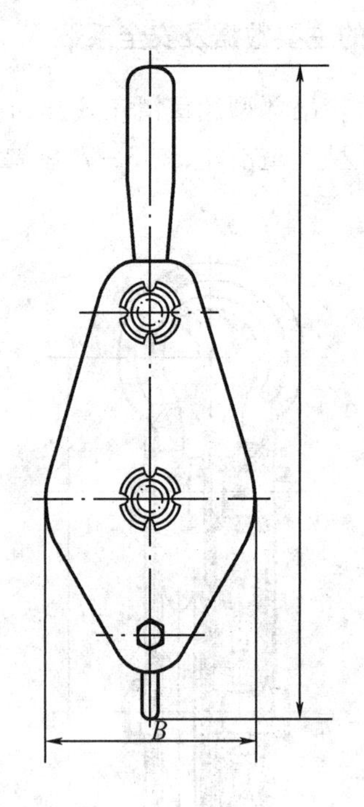

图 3－8　三轮吊环型起重滑轮

表 3－4　三轮吊环型起重滑轮尺寸　　单位:mm

型号	H	B	b	C	C_1	C_2	C_3	d	R
H3×3D	332	118	128	63.5	97	69	28	17	23.5
H5×3D	441	155	155	92	124	90	40	23	27.5
H8×3D	527.5	180	180.5	110	153	106	50	26	32.5
H10×3D	617	216	214	125	175	129	60	31	39.5
H16×3D	689	244	228.5	140	200	142	64	34	42
H20×3D	771	280	248.5	147	224	164	75	40	45

③四轮吊环型起重滑轮,图 3－9,主要数据见表 3－5。

表 3－5　四轮吊环型起重滑轮尺寸　　单位:mm

型号	H	B	b	C	C_1	C_2	C_3	d	R
H8×4D	486.5	155	206	84	136	90	40	23	46
H10×4D	545	180	235	97	155	106	50	26	55
H16×4D	677.5	216	285	130	190	129	60	31	65
H20×4D	746	240	300	143	216	142	64	34	65
H32×4D	943	321	366	170	280	186	82	45	76

④五轮吊环型起重滑轮,图 3－10,主要数据见表 3－6。

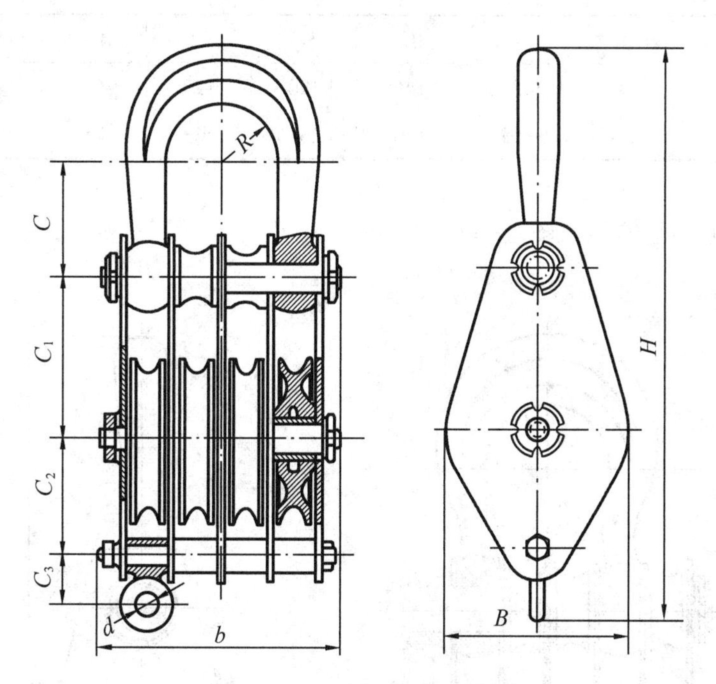

图 3－9　四轮吊环型起重滑轮

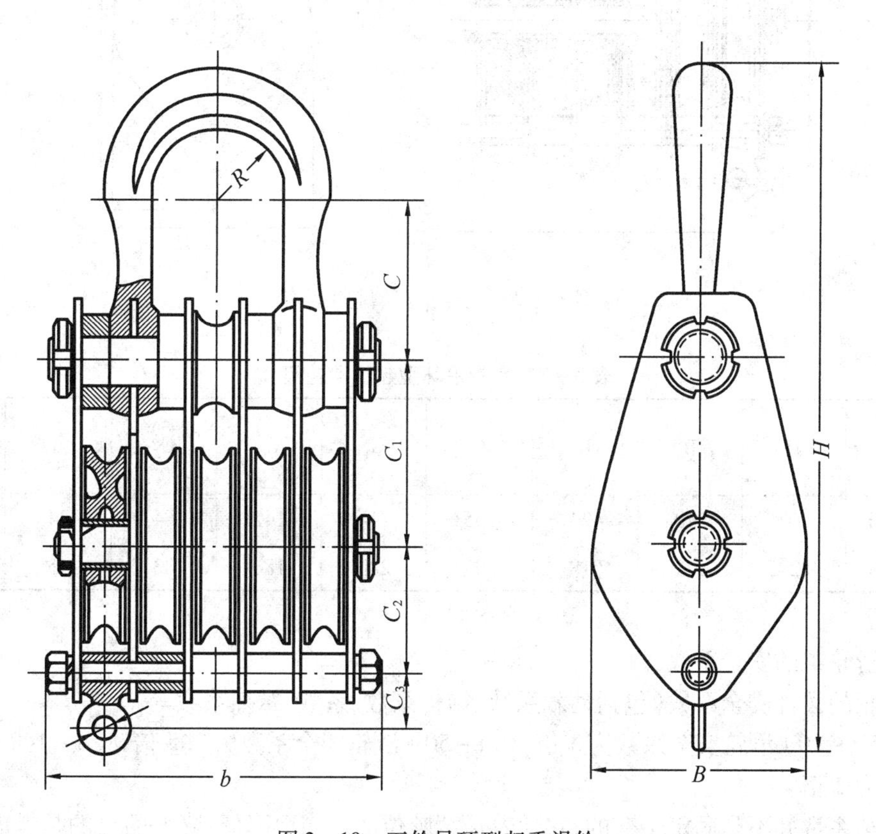

图 3－10　五轮吊环型起重滑轮

表 3-6　五轮吊环起重滑轮尺寸　　单位:mm

型号	H	B	b	C	C_1	C_2	C_3	d	R
H20×5D	673.5	216	343.6	146	190	129	60	31	48
H32×5D	855.5	274	398	170	237	164	75	40	72.5

⑤六轮吊环型起重滑轮,图 3-11,主要数据 3-7。

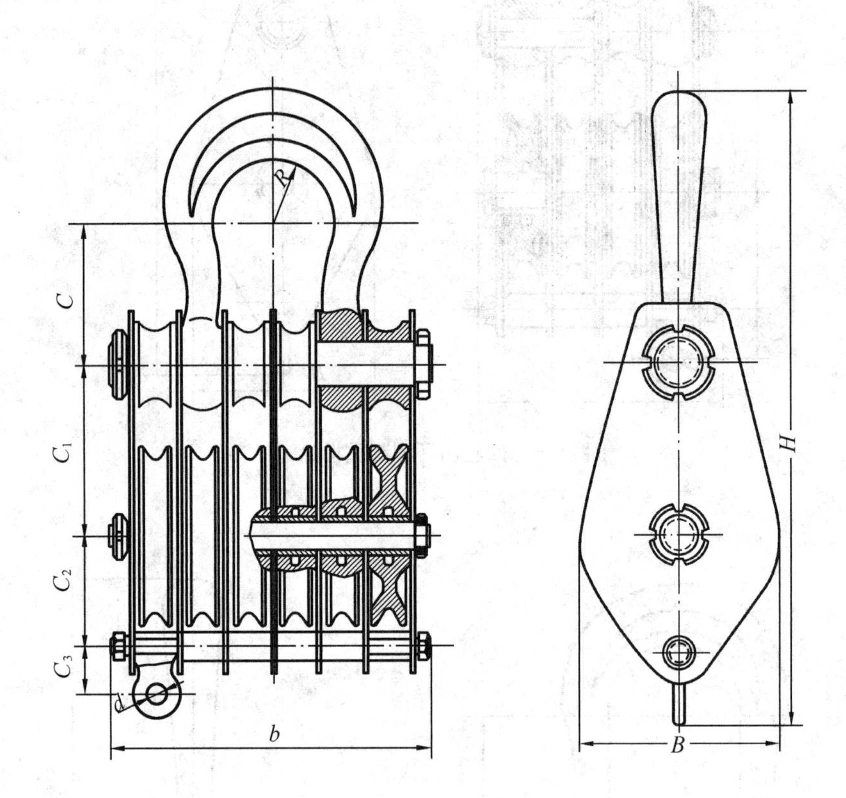

图 3-11　六轮吊环型起重滑轮

表 3-7　六轮吊环型起重滑轮尺寸　　单位:mm

型号	H	B	b	C	C_1	C_2	C_3	d	R
H32×6D	768	240	424	155	216	142	64	34	63
H50×6D	982.5	321	518	197	280	186	82	45	77

2. 滑轮组的安全系数

滑轮的设计安全系数(包括动载系数、结构系数、系数、摩擦系数等)

0.5 t~10 t 滑轮安全系数为 3 倍,16 t~50 t 滑轮安全系数为 2.5 倍,80 t~140 t 滑轮安全系数为 2 倍。

安全系数并不是固定不变的,它随着承载吨位的提高而降低,降低的目的是考虑到它的体积和自重,如体积和自重都大,那就更不利起重作业了。

3. 滑轮组的穿绕法

滑轮组的穿绕方法有二种，一种为顺穿法，即绳端头从边滑轮按顺序逐个绕过定滑轮和动滑轮，将“死头”固定于末端的定滑轮架上，如图3－12(a)为顺穿法，(b)为花穿法，顺穿法一般在五门以下没有特殊的情况下用。

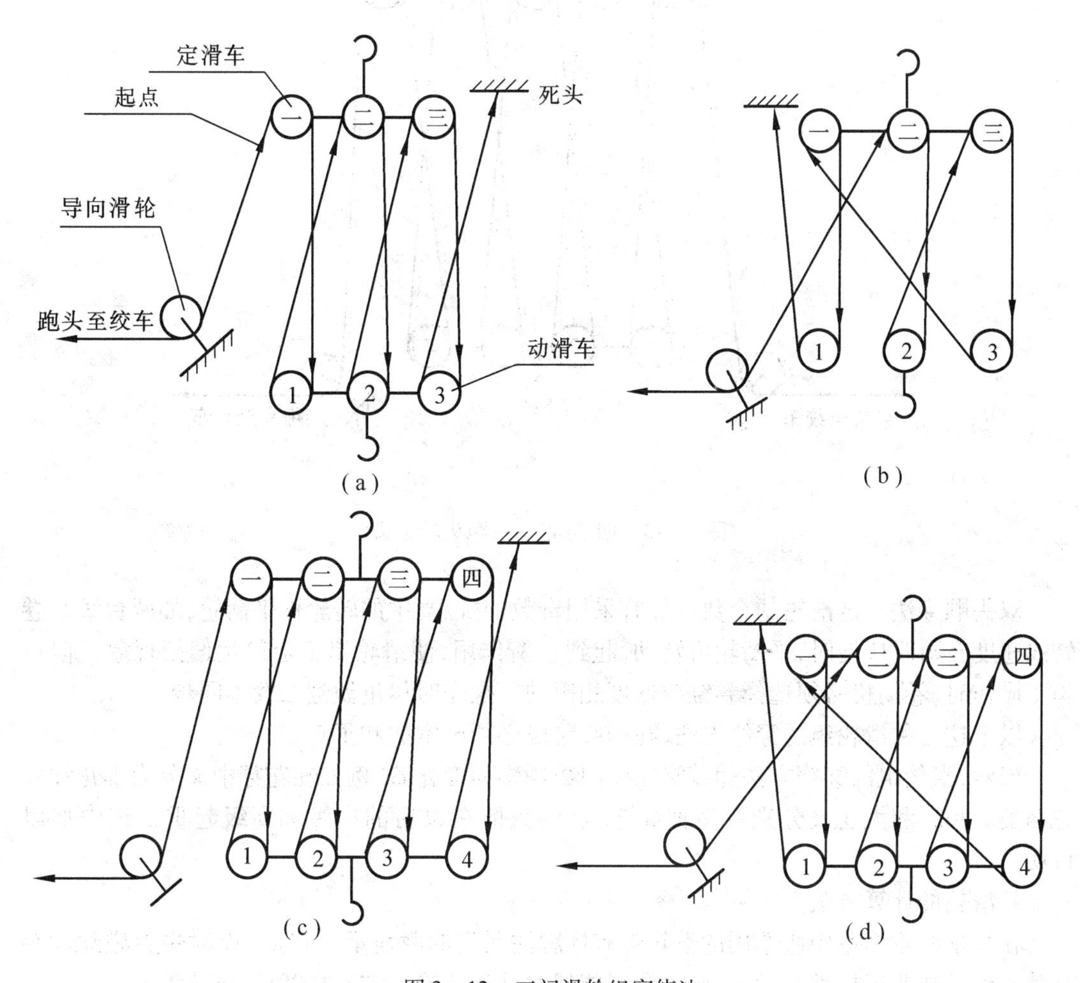

图3－12　三门滑轮组穿绕法

(a)三门顺穿法(三、三走六顺穿法)；(b)三门花穿法(三、三走六花穿法)；(c)四门顺穿法(四、四走八穿法)；(d)四门花穿法(四、四走八花穿法)

车头顺穿法的特点是简单易穿，但在吊装受力时，由于连向绞车的引出钢丝绳拉力最大，死头端的拉力最小，每一工作绳受力不同，因此常出现滑轮组斜，工作不平衡，对吊装操作不利。

花穿法，如图3－12(b)所示，绳端头从中门穿入，形成(定滑轮二、三、一)顺序。这样就形成受力时，中间滑轮受力最大，克服了滑轮组受力的偏斜及工作不平衡。但花穿法也有它缺点即在提升高度上没有顺穿法提升的高。这是绳索在穿绕时花穿跳轮(动3，到定一)造成的，在操作时应加注意。

图3－12(c)、(d)为四门滑轮组的顺穿和花穿法，除此之外还有双跑头穿法，如图3－13所示，这种四、五走八双跑头穿法，在吊装重型设备或构件时，双头顺穿法比较有利，它的

主要优点是滑轮工作平衡，避免滑轮偏斜，并可减少滑轮运行阻力，加快吊装速度。

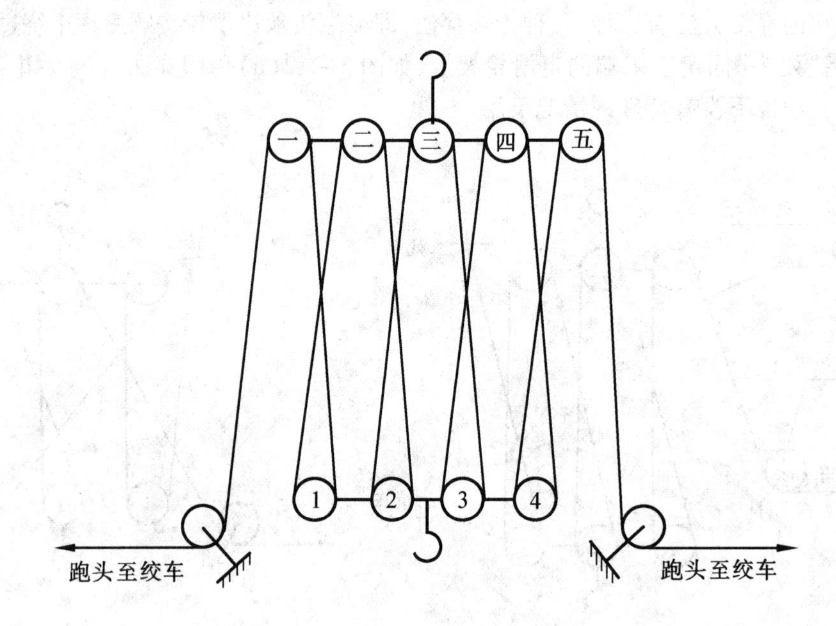

图 3－13　四、五走八双跑头顺穿头

双头顺穿法的定滑轮的个数一般宜采用奇数，并以当中的转轮作平衡轮，如两台绞车卷转线速度有瞬时快慢时，平衡轮可转动，起到平衡作用，使滑轮组不会产生偏扭现象。但在施工操作时，卷扬机必须选择卷绕线速度相等的。操作时尽量做到二绞车同步。

以上这几种滑轮组的穿绕方法，在初级阶段必须要掌握和了解。

当然，滑轮组的穿绕方法随着滑轮组门数增多而变化着，例如在花穿中又分为小花和大花两类。小花和大花又分别有多种穿花，这些只能在以后的中级和高级起重工艺中加以说明。

4. 滑轮的计算方法

在日常起重作业中所选用的滑轮都有标牌注明它的载荷量（国标），有时也会碰到没有标牌的滑轮或非国标类的滑轮，此时我只能通过计算来确定它起重载荷，方法如下：

$$P = n\frac{D^2}{16}$$

式中　P——允许起重量；

n——滑轮数；

D——滑轮的槽底直径；

16——常数。

例 1　有一只单轮滑轮，它的槽底直径为 250 mm，其允许起重量为多少千克力？

已知：$D = 250$ mm，$n = 1$

求：P

解　$P = n\frac{D^2}{16} = 1 \times \frac{250^2}{16} = 3\ 906.3$ kgf

答：该单轮滑轮允许起重量为 3 906.3 kgf。

例 2 有一副 4 门滑轮，槽底直径为 200 mm，其允许起重量为多少千克力?

已知：$D = 200$ mm，$n = 4$

求：P

解 $P = n\dfrac{D^2}{16} = 4 \times \dfrac{200^2}{16} = 10\ 000$ kgf

答：该四轮滑轮允许起重量 10 tf。

5. 滑轮组跑头拉力计算

滑轮组跑头拉力大小与滑轮的门数及物体的质量有密切的关系，它是正确选择配备卷扬机的基础，也是使用滑轮组应掌握的基本知识。

滑轮组跑头的拉力计算，其公式如下：

$$S = \frac{(E-1)E^n}{E^a - 1}Q \text{ 或 } S = aQ$$

式中 S——跑头的拉力；

Q——起重量；

E——滑轮的阻力系数，滑轮轴用滚动轴承时，$E = 1.02$；滑轮轴用青铜套轴承时，$E = 1.04$；滑轮轴无衬套轴承时，$E = 1.06$；

n——绳索绕过的滑轮总数；

a——载荷系数，查表 3 - 8。

表 3 - 8 载荷系数 *a*

工作绳索数	滑轮个数（定滑轮、动滑轮的和）	导向滑轮						
		0	1	2	3	4	5	6
1	0	1.00	1.040	1.032	1.125	1.170	1.217	1.265
2	1	0.507	0.527	0.549	0.571	0.594	0.617	0.642
3	2	0.346	0.360	0.375	0.390	0.405	0.421	0.438
4	3	0.256	0.276	0.287	0.298	0.310	0.323	0.335
5	4	0.215	0.225	0.234	0.243	0.253	0.263	0.274
6	5	0.187	0.191	0.199	0.207	0.216	0.244	0.330
7	6	0.160	0.165	0.173	0.180	0.187	0.195	0.203
8	7	0.143	0.149	0.155	0.161	0.167	0.174	0.181
9	8	0.129	0.134	0.140	0.145	0.151	0.157	0.163
10	9	0.119	0.124	0.129	0.134	0.139	0.145	0.151
11	10	0.110	0.114	0.119	0.124	0.129	0.134	0.139

表 3-8(续)

工作绳索数	滑轮个数(定滑轮、动滑轮的和)	导向滑轮						
		0	1	2	3	4	5	6
12	11	0.102	0.106	0.111	0.115	0.119	0.124	0.129
13	12	0.096	0.099	0.104	0.108	0.112	0.117	0.121
14	13	0.091	0.094	0.098	0.102	0.106	0.111	0.115
15	14	0.087	0.090	0.093	0.097	0.100	0.102	0.103
16	15	0.084	0.086	0.090	0.093	0.095	0.100	0.104

注:此表的工作绳数按动滑轮绕出进行计算的。一般跑头由定滑轮绕出,计算时,最后一个定滑轮应按导向滑轮数再加上1,即定动滑轮数等于工作绳数。

E^a 值可参照表 3-9。

表 3-9 E^a 值表

分支数 a	滑轮组阻力系数 E^a			分支数 a	滑轮组阻力系数 E^a		
	1.02	1.04	1.06		1.02	1.04	1.06
0	1.000	1.000	1.000	8	1.172	1.368	1.594
1	1.020	1.040	1.060	9	1.195	1.423	1.689
2	1.040	1.082	1.124	10	1.229	1.480	1.791
3	1.061	1.125	1.191	11	1.243	1.539	/
4	1.082	1.170	1.262	12	1.263	1.601	/
5	1.104	1.217	1.338	13	1.294	1.665	/
6	1.126	1.265	1.418	14	1.319	1.732	/
7	1.149	1.316	1.504				

例 1 有一"四、四走八"的滑轮组起吊 10 t 重物,滑轮组轴用青铜套轴承,此时引到卷扬机上的钢丝绳跑头拉力是多少?

已知:$Q=10$ tf,$a=8$,$E=1.04$,查表 3-9,$E^a=1.368$,$n=4+4=8$。

求:S

解 $S=\dfrac{(E-1)E^n}{E^a-1}Q=\dfrac{(1.04-1)\times 1.048}{1.368-1}\times 10$

$$S=\frac{0.04\times 1.37}{0.368}\times 10=0.149\times 10=1.4\ \text{tf}$$

答:此时卷扬机上钢丝绳的跑头拉力是 1.4 tf。

例 2 有一物体重 25 tf 采用一副"五、五走十"的滑轮组起吊,滑轮组跑头钢丝绳,再通过二个导向滑轮引到卷扬机上,此时滑轮组的跑头拉力为多大?应选择多大吨位的卷扬机为宜?

已知:$Q=25$ tf,a 查表 3-8,$a=0.124$

求：S

解　$S = a \cdot Q = 0.124 \times 25 = 3.1$ tf

答 1：此时滑轮组的跑头拉力是 3.1 tf。

答 2：根据 3.1 tf 的跑头拉力应选择 5 tf 卷扬机为宜。

6. 滑轮及滑轮组的使用注意事项

（1）使用前应查明和确定滑轮的额定起重量，不准超负荷使用。

（2）使用前必须检查滑轮的轮槽、轮轴、拉板、吊钩等部位，看看有无裂缝、损伤；各部分转动是否灵活，中轴等固定螺钉螺帽，有无松动现象，不符规范的滑轮不准使用。

（3）使用的钢丝绳直径必须符合表 3－10 的规定，以免钢丝绳和滑轮互相挤压损伤。在使用时钢丝绳与滑轮槽的偏角不得超过 4°～6°，见图 3－14。

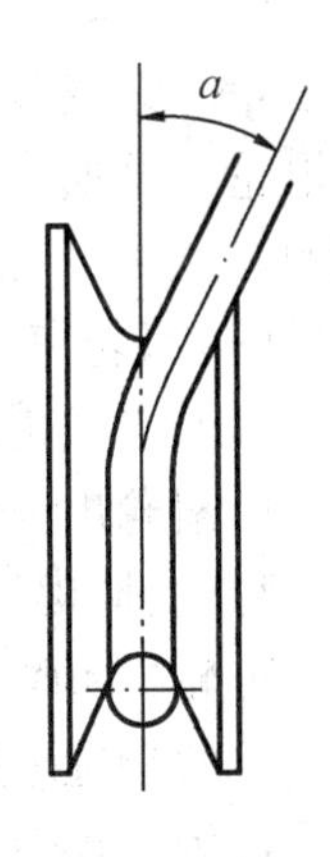

图 3－14　钢丝绳的偏角

表 3－10　H 系列滑轮系数表

轮槽底径/mm	起重量/tf														使用钢丝绳直径/mm	
	0.5	1	2	3	5	8	10	16	20	32	50	80	100	140		
	滑轮数														适用	最大
70	一	二													5.7	7.7
85		一	二	三											7.7	11
115			一	二	三	四									11	14
135				一	二	三	四								12.5	15.5
165					一	二	三	四	五						15.5	18.5
185							二	三	四	六					17	20
210						一			三	五					20	23
245							一	二		四	六				23	25
280									二	三	五	七			26	28
320								一			四	六	八		30.5	32.5
360									一	二	三	五	六	八	32.5	34.5

（4）在受力方向变化较大的地方和高空作业中，不宜采用吊钩型滑轮，以防脱钩，如用吊钩型滑轮时，必须做好防脱钩措施。

（5）如多门滑轮在使用时只使用其中的几门滑轮时，滑轮的起重量应相应降低，降低数量按门数的百分比确定。例如 30 tf 的三门滑轮，仅使用其中的三门工作，那么滑轮的起重量应按 20 tf 使用，如果还按 30 tf 使用，将会发生事故。

（6）滑轮的跑绳拉力必须在卷扬机的安全牵引力范围以内，所用钢丝绳的安全系数为 6 倍，最小不得小于 5 倍。

（7）滑轮组穿绕要钢丝绳后，在使用时要进一步检查和试吊，检查各部位状况是否良好，有无长绳摩擦和钢丝绳的相互摩擦现象，如有，调整整改后方能使用。

(8)如采用二副或二副以上滑轮组,跨距离接驳物体时,必须在定滑轮的边上设置一个定滑轮。穿绕形式无论是顺穿或者花穿,跑头绳采用"下出头"。也就是先穿动滑轮,再穿定滑轮。设置定滑轮的目的是在跨距离接驳物体时,克服和避免了跑绳摩擦定滑轮外壳的问题。

(9)滑轮使用后,应清洁保养,上好润滑油,存放在干燥的地方,妥善保管。

(10)各类滑轮如出现下列情况之一时,应报废。

1)滑轮出现裂纹、缺口。

2)轮轴"婆司"(轴承)损坏。

3)轮槽不均匀磨损量达 3 mm 时。

4)轮槽壁厚磨损达原壁厚的 20%。

4)因磨损使轮槽底部直径减小量达钢丝直径的 50%。

5)其他影响滑轮载荷和损害钢丝绳的缺陷等。

7. 常用滑轮的规格

(1)起重作业中常用的滑轮是 H 系列滑轮,它是一种通用滑轮,适用于厂矿企业建筑施工、设备安装等场所,H 系列滑轮在我国制造厂家已有标准规范(JB12. 4—71),其载荷能力符合我国起重机械系列国家标准(GB783 - 65)。H 型系列有 14 种吨位,11 种直径,17 种结构型式,共 103 个规格。

(2)起重滑轮代号——H。额定负荷以吨力(tf)数表示。滑轮轮数以数字表示,并用 × 号隔开。

型式代号　开口:K;闭口:J 加 K;吊勾:G;链环:L;吊环:D;吊梁:W;桃式开口:K_B。

例　额定负载为 10 tf 的单轮闭口吊钩型滑轮代号:

H10 × 1G

H 10、4D:表示起重量为 10 tf 的四门(轮)、吊环型滑轮。

第二节　葫　　芦

一、葫芦的种类和用途

在起重作业中葫芦是常用的一种起重工具,属于小型的起重设备。葫芦按其驱动方式可分为电动、手机和气动三类,前二类使用最广泛,气动葫芦在特殊场合使用较多,如船舶机舱内和油船上等。电动葫芦通常安装在架空工字梁上或与单梁起重机配套使用。在船厂修造船过程中起重工操作使用最多的是手拉葫芦(手动)。

根据结构和操作方法的不同,手拉葫芦又分为手扳葫芦和手拉葫芦,手扳葫芦在冷作工、汽车装载设备过程中使用较多。

(一)环链手拉葫芦

环链手拉葫芦又称"神仙葫芦",具有体积小、质量轻、效率高等特点。它是操作简便携带方便的一种手动起重工具,广泛用于小型设备和物体的短距离吊装。

目前手拉葫芦起重量分为以下几类:0. 5 t,1 t,2 t,3 t,5 t,10 t 和 20 t,按起升高度可分为 3 m,6 m,9 m,12 m 等,如图 3 - 15。

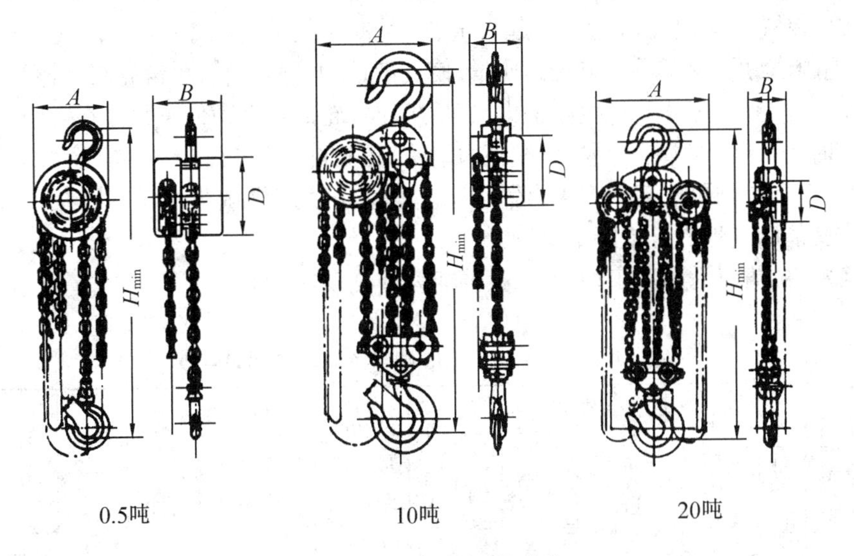

图 3－15　HS—A 型手拉葫芦

环链子拉葫芦的起重链通常用短环焊链，手拉链通常用长环焊链。

环链手拉葫芦在构造上有蜗杆传动和齿轮传动两种方式，蜗杆传动手拉葫芦结构简单，但体积大，自身质量重，零件易磨损，效率低，安全系数小，目前已不使用，取而代之的是齿轮传动方式的 HS 型手拉葫。它的主要结构有手链轮、手拉链条、起重链、上下吊钩、制动器、长短齿轴、起重链轮等组成，如图 3－16。当拽动手拉链条 6 时，手链轮 2 就随之转动，将摩

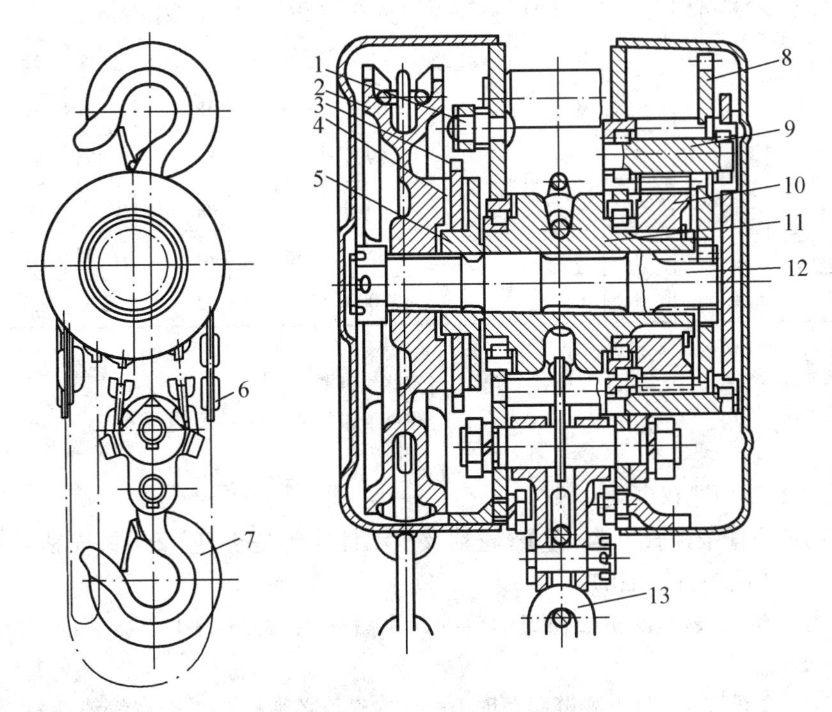

图 3－16　HS 型手拉葫芦部件图

1—棘爪；2—手链轮；3—棘轮；4—摩擦片；5—制动器座；6—手拉链条；7—吊钩；8—片齿轮；9—四齿短轴；10—花键孔齿轮；11—起重链轮；12—五齿长轴；13—起重链条

擦片4、棘轮3、制动器座压成一体共同旋转,五齿长轴12带动片齿轮8,四齿短轴9和花键孔齿轮10,装置在花键孔齿轮上的起重链轮11带动起重链条13上升,平稳地提升重物。手链条停止拉动后,由于重物自身的质量,使五齿长轴反向旋转,手链轮与摩擦片、棘轮和制动器座压在一起,摩擦片间产生摩擦力,棘爪阻止棘轮的转动而使重物停在空中。逆时针拽动手链条时,手链轮与摩擦片脱开,摩擦力消除,重物随着手拉链的曳动,徐徐下降,一旦停止,重物的自重作用再使葫芦产生自锁状态。这就是葫芦机械结构作用所在。反复以上的程序动作就能顺利地提升或降下重物。

HS型手拉葫芦为国家定型产品,其性能参数见表3-11。

表3-11 0.5~20 t HS吨手拉葫芦(JB560-79)

型号	起重量	额定起重高度	手拉力	起重链行数	起重链条		手拉链条		两钩间最小距离 Hmin	主要尺寸				试验载荷	净重	起重高度每增加1米链条应增加的质量
			不大于		圆钢直径	节距	圆钢直径	节距		A	B	C	D		不大于	
	/t	/m	/kg		/mm									/tf	/kg	
HS0.5	0.5	2.5	16~17	1	6	18	5	25	280	142	126	24	142	0.625	9.5	
HS1	1		31~34			24			360			28		1.25	10	
HS1.5	1.5		36~39		8	18			360	178	142	32	178	1.875	15	2.3
HS2	2		31~34	2	8	30			380	142	126	34	142	2.5	14	2.5
HS2.5	2.5		39~42	1	6	24			430	210	165	36	210	3.125	28	3.1
HS3	3	3	36~39	2	10	30			470	178	142	38	178	3.75	24	3.7
HS5	5		39~42		8				600	210	165	48	210	6.25	36	5.3
(HS7.5)	7.5			3	10				690	336		57		9.375	48	7.5
HS10	10			4					730	358		64		12.5	68	9.7
(HS15)	15			6					860	488		75		18.75	105	14.1
HS20	20			8					1 000	195		82		25	150	19.4

注:1. 表中起重高度是指吊钩最低与最高工作位置之间的距离。
2. 表中两钩间最小距离是指重物上升至极限位置时,上下钩内缘距离。
3. 带括号者不推荐选用。

手拉葫芦的使用注意事项。

(1)使用前应仔细检查吊钩、链条、轮轴及制动性能等是否良好,吊钩横轴上的保险装置是否良好,严禁使用有缺陷的。

(2)使用时,起吊物的质量必须与葫芦的起重量一致,最好略小于葫芦的实际起重量,严禁超负荷使用。

(3)如使用2 tf以上,双承载链葫芦时,吊钩的链条必须检查是否有绞绕现象,如有必须在理顺的状态下方可起吊。

(4)在倾斜或水平方向使用时,拉链方向应与起重链条方向一致,防止使用过程中的卡链和掉链现象产生。

(5)吊物时拉链的人数(施力),原则上1 t、2 t手拉葫芦为一人体力拉动,3 t～5 t为1.5人体力拉动,10 t～20 t可二人拉动但得超2人。这样可严防葫芦超载。

(6)在正常起重量的情况下,如葫芦拉不动时,应检查葫芦是否有损坏或变形卡链盘、严禁盲目增加拉链人数,对有问题的应及时更换或修复后再使用,严禁葫芦带病操作。

(二)电动葫芦的种类和用途

1. 电动葫芦是一种体积小、质量轻、价格低廉、使用方便的一种轻小型起重设备,具有起升和直线移动功能,它可以安装在单梁桥式架上,组成一台简易桥式起重机,同样具有起升、小车行走(自身)和大车行走功能,驱动方式一般以电为主。

2. 电动葫芦按其结构不同,可分为环链式电动葫芦和钢丝绳电动葫芦。环链式电动葫芦起升高度较低一般用于特殊的化工行业和抗高温场合,以及一些露天场合等。

3. 环链式电动葫芦的结构和工作原理,由起升机构、运行机构和电气控制装置等几部分组成。运行机构又分为手拉链式和电动运行式,如图3－17(a)为电动运行式环链电动葫芦、(b)为手拉链运行式环链电动葫芦。

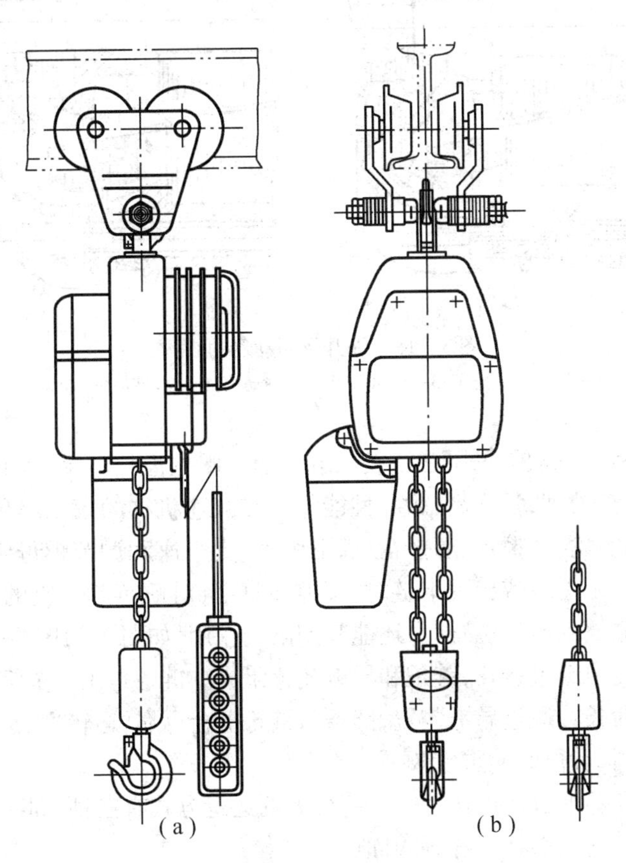

图3－17　链式电动葫芦

(a)电动运行式环链电动葫芦;(b)手拉链运行式环链电动葫芦

①起升机构。葫芦的起升机构是由起升电动机、减速机构、链条提升机构、上下吊钩限位装置和集链箱等组成。

②起升电动机。电动葫芦电动机是采用电动机与制动器组成一体的锥形转子制动电动机，它体积小，制动可靠。当电动机接通电源时，锥形转子和定子产生的磁拉力克服有锁弹簧的拉力使锥形转子产生轴向窜动，使装在电动机尾部的制动器脱开，电动机运转，通过减速机构和链条机构使重物提升或下降。断电后，磁拉力消失，在弹簧力的作用下，转子返回，制动轮与后盖锥形制动环刹紧制动。制动力距的大小可以调整垫片紧松，调节操作容易安全可靠，如图 3－18 所示。

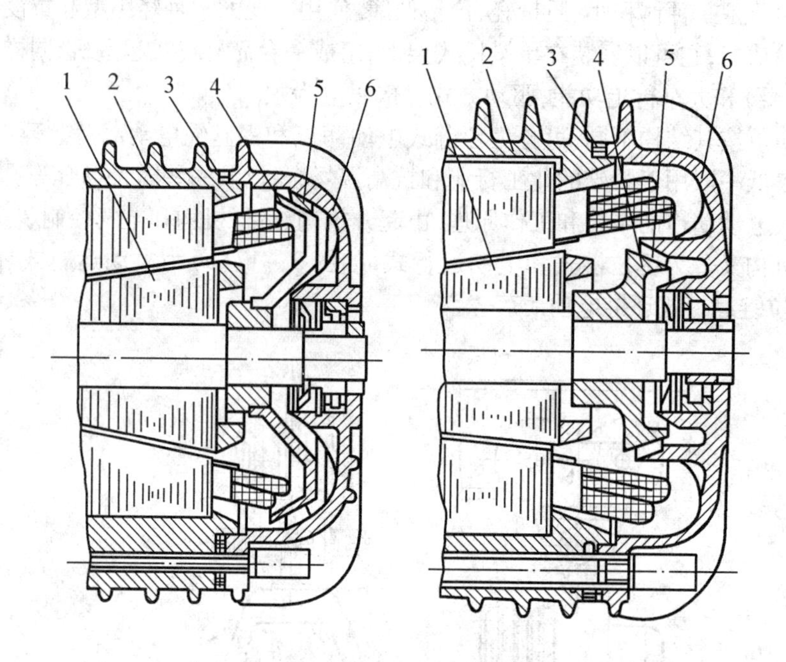

图 3－18　提升及制动器的结构

1—转子；2—定子；3—调节垫片；4—制动轮；5—制动环；6—后盖

③减速机构。减速机构是采用三级或二级外啮合圆柱齿轮转动，齿轮和齿轴均由高强度合金钢制成，经过热处理，强度高，耐磨性能好。在减速机构的第二级传动齿轮上装有安全离合器，它由传动齿轮、摩擦片、摩擦盘、碟形弹簧、支承座和调节螺母组成。在允许的载荷状态下正常运转。当超载或出现卡链时，摩擦面打滑，对葫芦起一定的安全保障作用，在吊钩装置提升到最高放到最低位置时，还能起到限位作用，如图 3－19 所示。

④链条提升机构由起重链轮，链条和导链装置组成。链条是用合金钢制成，经特殊热处理，强度高，使用寿命长。通过导链装置，链条与链轮啮合可靠，运转平稳。被提升的链条可顺利地放在集链箱内，有很好的防尘效果。

⑤运行机构。环链手拉葫芦在悬空工字梁上的运行方式有三种，即手推小车式、手拉链运行式、电动运行式，它们都具有各自的优点。

4. 钢丝绳式电动葫芦。钢丝绳电动葫芦的外形见图 3－20 所示。它在工字梁上的安装方式同样可固定也可移动的两种方式。

钢丝绳式的电动葫芦结构主要分成三部分，即起升机构运行机构和电气装置。

①起升机构。起升机构主要由锥形转子起升电动机、联轴器、减速器、钢丝绳卷筒等组成。如图 3－21 所示。

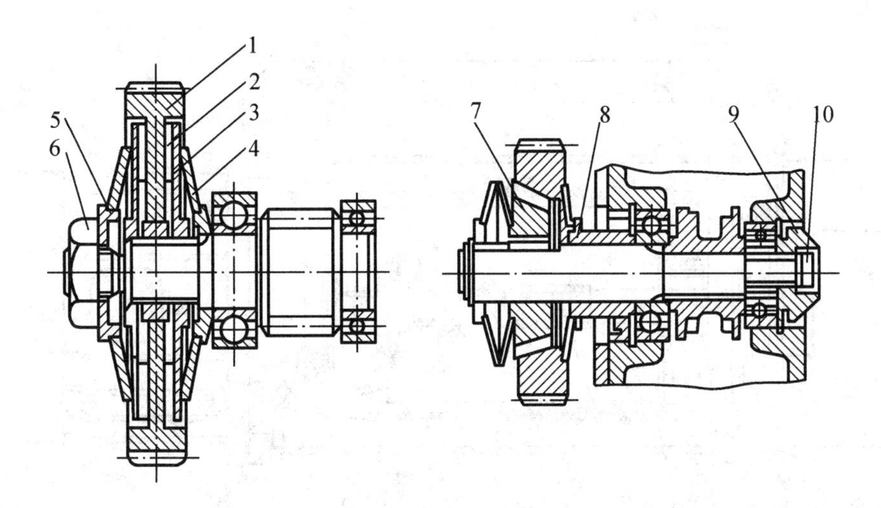

图 3－19　链式电动葫芦减速机构

1—传动轮;2—摩擦片;3—摩擦盘;4—碟形弹簧;5—支承座;6—调节螺母;

7—锥形轮;8—支承圈;9—压盖;10—调节螺钉

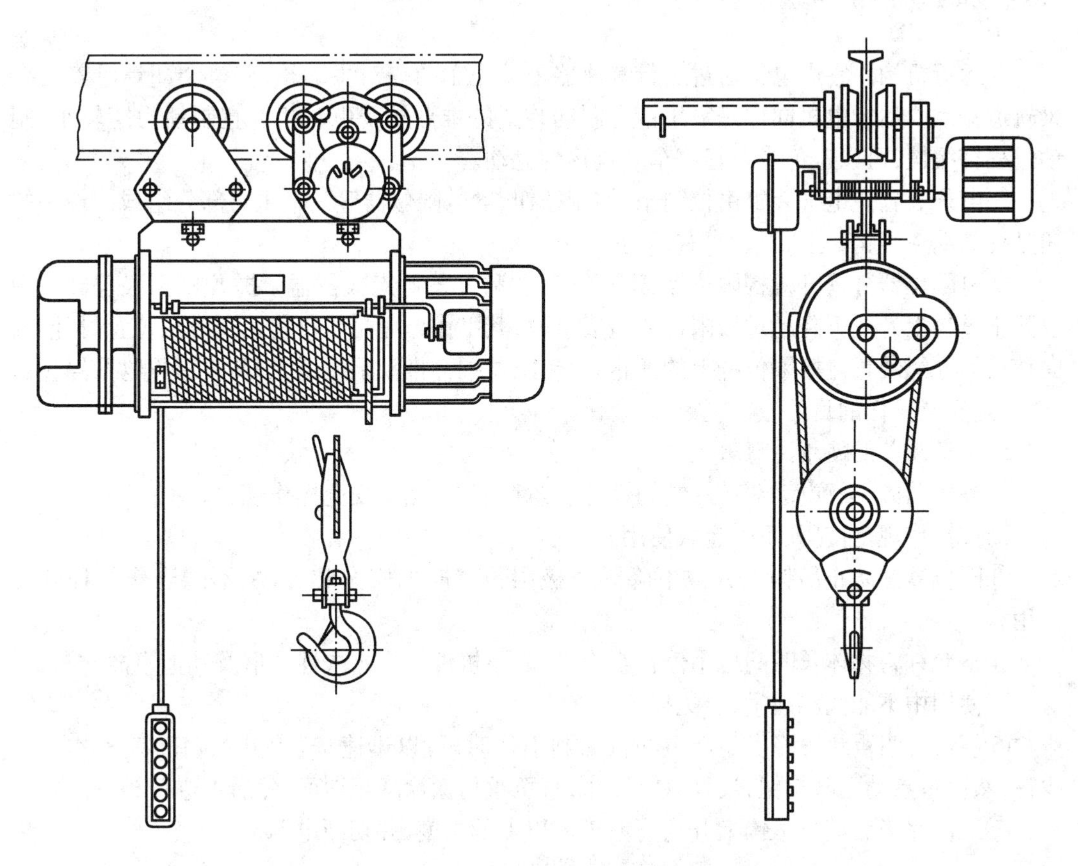

图 3－20　钢丝绳电动葫芦的外形

②减速器。采用三级外啮合斜齿轮传动机构,齿轮及传动轴均由滚动轴承支撑,传动平稳,效率高。

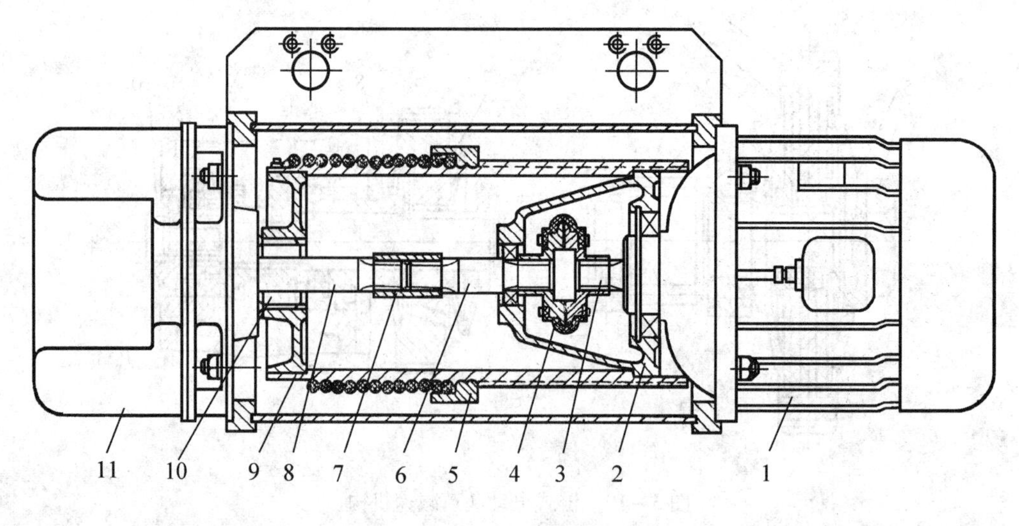

图 3-21 起升机构

1—起升电机;2—右端盖;3—电机轴;4—弹性联轴器;5—导绳器装置;6—中间轴;7—刚性连轴器;8—减速器输入轴;9—卷筒;10—空心轴;11—减速器

③运行机构。它由电机通过运行减速器带动小车的一对主动轮,使整个葫芦沿着工字梁轨道移动。运行电机同样是采用带有制动装置的锥形转子电动机。它制动力矩较小,制动过程较缓慢,可以避免或减轻停车时重物的晃动。

④电气装置。电气装置由控制箱、控制按钮、继电限位器等三个主要部分组成。控制按钮是控制葫芦吊钩的上、下、左、右运动。

断电限位器分提升机构限位器、运行限位器和大车行走限位器。提升机构限位器是用以防止重物上升或下降超过极限位置造成事故,其工作原理是当重物达到极限位置时,沿轴向移动的导绳装置碰撞限位杆上的停止块,使限位推杆推动限位器,切断电源重物即停止运动,达到安全操作的目的。

5. 电动葫芦的使用注意事项。

①操作前应了解电动葫芦的结构性能和载荷能力,熟悉安全操作规程。

②按操作规范使用,不得超载使用。

③限位器是防止吊钩上升或下降超过极限位置时的安全装置,决不能当作行程开关使用。

④不允许将物体长时间地吊停在空中,以防止机件发生永久性变形及其他事故。

⑤使用中不能倾斜起吊,以免损坏导绳装置。

⑥使用时当重物下降发生严重的自溜刹不住时,可以迅速按“上升”按钮,使重物上升少许,然后再点动下降按钮,反复以上操作,直至重物徐徐降至地面,然后再进行检查。

⑦工作完毕后应将吊钩上升到离地 2 m 以上的高度,并切断电源。

第三节　摇车和卷扬机

一、摇车的用途和组成

(1)摇车的用途

摇车可称为是电动卷扬机的前身,它是劳动人民在长期的生产劳动中,为了降低劳动强度,提高劳动生产率,不断创新改造而来的一种简易的起重机械。它是劳动人民的智慧结晶的体现。

摇车在缺乏电能的场合,特别是农村和山区的起重运输和修桥、建房等是不可缺少的起重工具,故摇车亦称为手摇卷扬机。

摇车经常用来起吊、拖运构件以及拼装构件成一整体。摇车的驱动一般为人力驱动。它的传动类型可分为圆柱齿轮传动及蜗杆与摩擦传动。在安装形式上可分为固定式和移动式两种。前者固定于建筑物专设基础固定装置上,不需要经常搬动,后者为安装现场,经常为适应工作需要,临时性移动的一般通用摇车。

(2)摇车的组成部分

摇车是由机座、卷筒、传动装置、制动器、齿轮、摇手柄等组成。人力驱动的摇车,是由摇柄机械驱动的,它借助连轴带动减速器一起工作的机械,在松绳的过程中也可脱离减速器装置,达到快松、快放的目的,如图 3－22 手摇卷扬机。

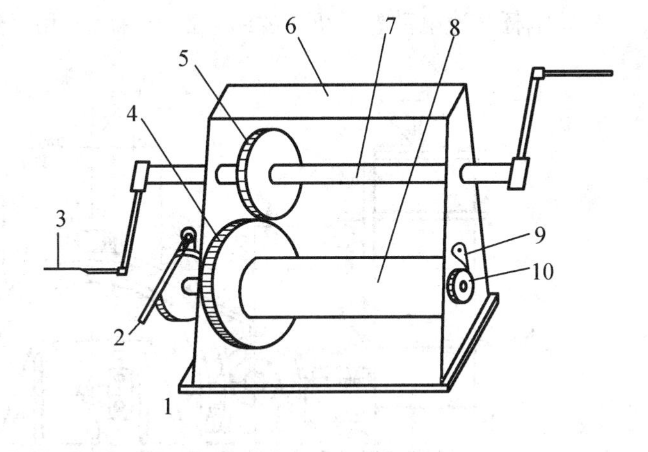

图 3－22　手摇卷扬机

1—机架;2—闸把;3—摇柄;4—大齿轮;5—传动齿轮;6—机架横撑;7—传动轴;8—卷筒;9—止动爪;10—棘轮

(3)使用摇车的注意事项

①手摇车卷筒上的钢丝绳卷绕方向,必须从卷筒下方引出,以保证制动器的制动作用。

②卷筒与牵引绳索的方向应尽可能使之垂直,从而在卷筒上不致发生斜间卷绕,形成互相错叠挤压,为此,常在摇车前方设置导向滑轮,改变钢丝绳的牵引方向,使之与卷筒轴线成直角。当钢丝绳绕在卷筒两边时,其偏斜角度不应大于 2 度。

③摇车的固定,不得使摇车产生滑动或倾斜,摇车的位置临时固定应利用锚桩或压重的方法,予以可靠的固定。

④摇车的固定处须能使摇车操作人员清楚地看到起吊或拖移的重物,以利于起重作业过程中的信号传递,保证起重作业的顺利进行,达到防止事故发生的目的。

⑤在起吊设备和重物的过程中,在操作区域和钢丝绳附近均不允许有人站立,以防钢丝绳及重物碰伤,如有导向滑轮时应检查装置是否牢靠,同时导向滑轮周围不许站人,以保安全。

⑥摇车使用前须检查传动部分的润滑情况，齿轮有无损伤，钢丝绳在卷筒上的连接是否牢固。

⑦摇车的齿轮上防护罩必须完好无缺，以确保安全。

⑧摇车每次工作停止后，特别是下班时，必须将摇手柄取下，放入工具箱中，以防发生意外事故。

⑨在吊物时，当起吊设备或重物处于悬空状态时，没有制动前不得随意放松摇车手柄。

二、电动卷扬机种类和构造

电动卷扬机和手摇绞车相比较，它具有起重量大、速度快、使用轻便、灵活、效率高等优点。它在起重吊装工作中有着广泛的应用。

卷扬机的驱动形式有蒸气驱动式，压缩空气驱动式，液压驱动式和电动驱动式。目前使用最多最广的为电动驱动式。电动卷扬机按其传动形式又分为齿轮箱减速传动和蜗轮蜗杆减速传动。

因减速传动装置不同，其结形式也略有不同，同时各具有各自的优缺点。

1. 蜗轮蜗杆减速的电动卷扬机由蜗轮、蜗杆减速，因体积小、质量轻、起重量大，遇到超负荷时，不会出现滑轮现象，具有一定的自锁能力，加上制动器，其刹车性能稳妥可靠、确保了安全操作。

蜗轮蜗杆减速电动卷扬机主要组合部分由以下几部分组成，如图 3－23 所示。

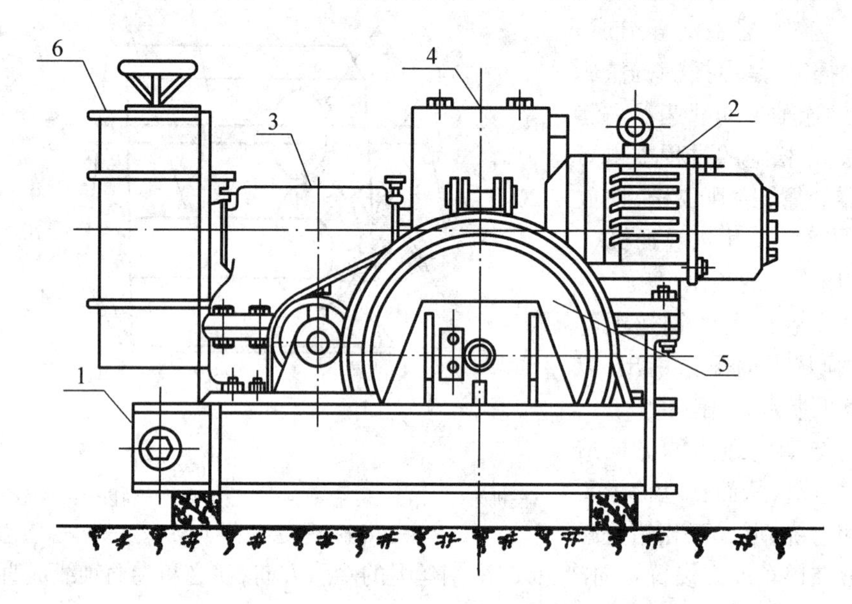

图 3－23　蜗轮蜗杆电动卷扬机

1. 机座；2. 电动机；3. 蜗轮蜗杆箱；4. 制动器；5. 卷筒；6. 操作开关箱

2. 齿轮箱传动卷扬机是使用最广泛的型式之一，它与蜗轮蜗杆卷扬机相比，体积与自重量大，在荷重较大的情况下，制动器稍有松动容易出现滑轮现象。

齿轮箱传动卷扬机的主要组合部分，基本上与蜗杆蜗轮传动卷扬机基本相似。

3. 摩擦式电动卷扬机，该类卷扬机是电动机与卷筒间没有固定的连接，而是通过摩擦离合器带动卷筒转动。

它的传动特点是只有起吊设备式重物时，才使离合器合上，以传递动力，当重物下降时，则完全利用重物的自身质量，下降速度的快慢由制动器来控制，如图 3－24。

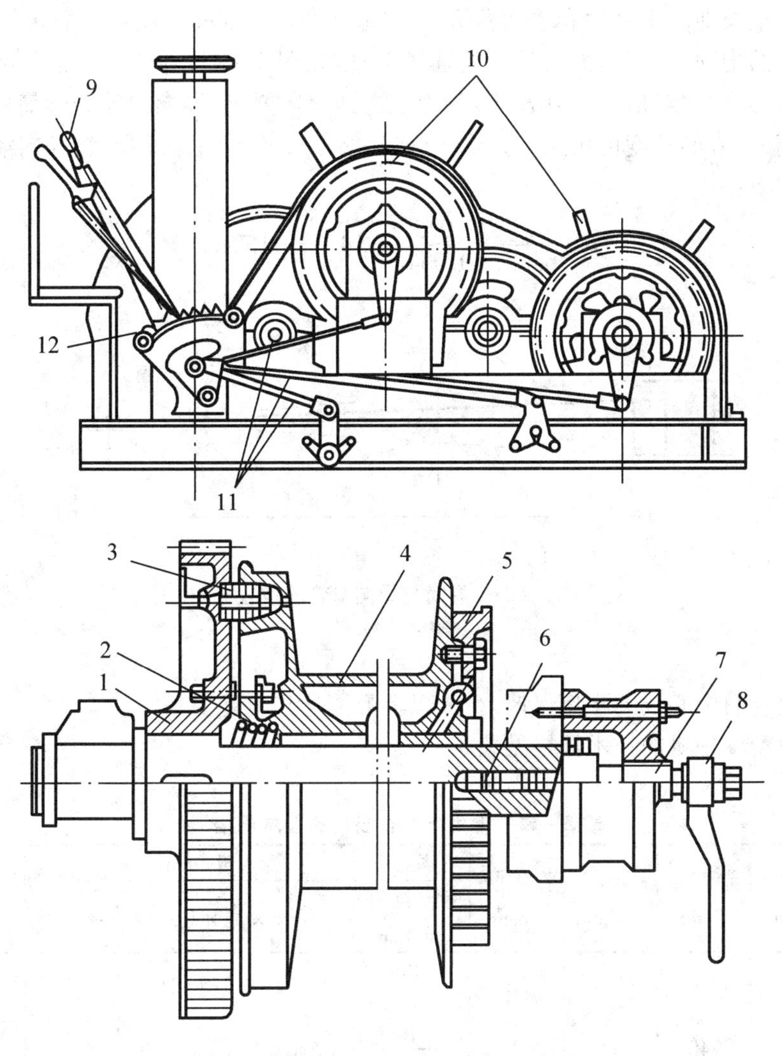

图 3－24　摩擦式电动卷扬机

1—齿轮；2—弹簧；3—摩擦木块；4—卷筒；5—棘轮；6—推进滑块；7—丝杆；8—手摇柄；9—闸把手柄；10—闸皮；11—闸把拉杆；12—闸位极限齿

该类卷扬机的使用效率略高于前两类。但在使用过程中操作者必须具有娴熟操作该卷扬机的能力，如盲目操作很易造成事故。

摩擦式电动卷扬机主要由电动机、齿轮、卷筒摩擦木块、棘轮和手摇柄等主要部件组成。

4. 卷扬机卷筒钢丝绳固定及排绕与导向轮的关系。

(1)钢丝绳与卷筒的连接方式有两种：压板法与拉梢法。如果卷筒的长度较长，能容纳一定长度钢丝绳时，可采用压板法；根据钢丝绳的捻向，将绳头固定在卷筒的左边或者右边，在一般使用场合跑绳从卷筒的下方引出，这样可以增加卷扬机使用过程中的稳定性。

为了保证使用时的安全性，卷筒上的钢丝绳可能全部放出，至少要保留5～6圈。

2. 为了确保卷筒上的钢丝绳在卷绕过程中的排绕整齐，必须正确做到以下几点。

①尽可能使钢丝绳绕上卷筒的方向与卷筒的中心轴线垂直，这样钢丝绳在卷筒上就会排绕整齐，不会斜绕或互相交错挤压出现及堆积现象。

②为了使钢丝绳能垂直地卷绕到卷筒上，通常在卷扬机的前方设置一个导向滑轮，使钢丝绳绕到卷筒的中间时，钢丝绳与卷筒的轴线垂直，如图3－25。同时，当钢丝绳绕到卷筒的两边时，钢丝绳的偏斜角 a 不可大于2°，为了达到上述要求，导向滑轮到卷筒中心就得保持一定的距离 L。L 的长度可用三角计算法得到，如1 m长的圆柱形卷筒，导向滑轮至卷筒的距离计算如下：

$$L=\frac{0.5}{\tan 2^{\circ}}=\frac{0.5}{0.034q}=14.33\approx 15\ \text{m}$$

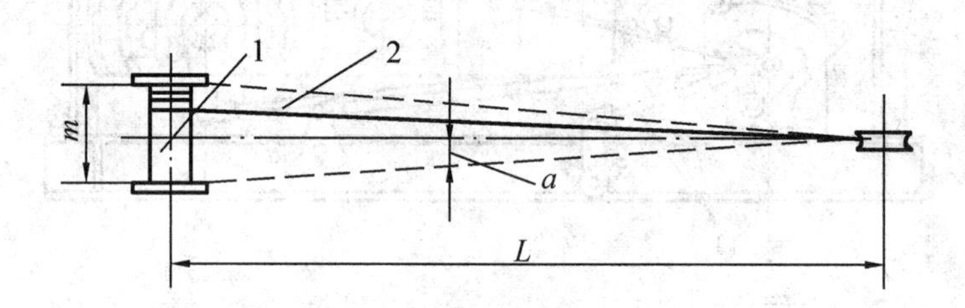

图3－25　卷筒与导向滑轮的位置

1—卷筒；2—钢丝绳

即导向滑轮至卷筒中心线的距离保持15 m以上方能达到上述要求。

5. 常用电动卷扬机的技术规格见表3－12。

表3－12　常用电动卷扬机的技术规格

类型	起重能力/tf	卷筒直径/mm	卷筒长度/mm	平均绳速/mmin	容绳量/m 钢丝绳直径/mm	外形尺寸/mm 长×宽×高	电动机功率/kW	总质量/t
单卷筒	1	200	350	36	$\frac{200}{\phi 12.5}$	1 390×1 375×800	7	1
单卷筒	3	340	500	7	$\frac{110}{\phi 12.5}$	1 570×1 460×1 020	7.5	1.1
单卷筒	5	400	840	8.7	$\frac{190}{\phi 24}$	2 038×1 800×1 037	11	1.9
双卷筒	3	350	500	27.5	$\frac{300}{\phi 16}$	1 880×2 795×1 258	28	4.5
双卷筒	5	220	600	32	$\frac{500}{\phi 22}$	2 497×3 096×1 389	40	5.4
单卷筒	7	800	1 050	6	$\frac{600}{\phi 31}$	3 190×2 553×1 690	20	6.0
单卷筒	10	750	1 312	6.5	$\frac{1\,000}{\phi 31}$	3 839×2 305×1 798	22	9.0
单卷筒	20	850	1 324	10	$\frac{600}{\phi 41.5}$	3 820×3 360×2 085	55	

6. 电动卷扬机使用时的注意事项。

(1)卷扬机应安装在平坦坚实的地方,与柱脚或地锚固定要牢固,并要有防雨措施。

(2)卷扬机与第一只导向滑轮要对准,并垂直于卷筒的中心线。

(3)导向滑轮和固定索具要按合力的受力大小进行配置。同时导向滑轮的里档不准站人。

(4)钢丝绳在卷筒上要排列整齐不可重叠,更不可堆积高出档板,余留在卷筒上的钢丝绳不得少于6圈。

(5)操作时,须检查卷扬机的装置是否牢固,转动部分是否可靠,有无异常现象,如有必须排除后方能操作。

(6)必须时常检查制动器的灵敏程度和准确性。

(7)卷扬机定位钢丝绳应分别各自固定,不得使用一根钢丝绳来回穿绕,以防卷扬机受力时中心走动,影响钢丝绳在卷筒上的排绕。

(8)在使用过程中要严格掌握了解物体的质量,不得超负荷使用(但在作载荷试验时允许以25%的安全荷载,起吊0.5~1 m高度以校验卷扬机起吊能力和制动器性能)。

(9)操作人员必须熟悉卷扬机的性能和指挥信号,工作时机身及牵引钢丝绳运动的周围严禁站人,并做好配备醒目标志,划定施工区域。

(10)卷扬机停机后,要切断电源,控制器放到"0"位,用保险闸制动刹紧。

(11)采用多台卷扬机起吊设备时,要统一指挥统一行动。注意卷扬机的同步性,切防卷扬机单独受力而超负荷引发事故发生。

(12)应严密注意勿使钢丝绳与各种带电导线,特别是焊机电缆线相接触。并同时防止钢丝绳扭结通过滑轮。

第四节　千斤顶

一、千斤顶的用途和种类

千斤顶是起重作业中常用的起重设备和工具,在使用过程中能用较小的力量,就能把重物顶高、降低或移动,操作简单又方便。

千斤顶通常又称"压勿煞"或"顶重机"等,其构造简单,使用方便。工作时无震动与冲击,能保证重物准确地固定在一定的高度上,常用作重物短距离升高和设备下降,安装设备时的位置校正能使它的顶重可以从1 t到几百t不等,顶升高度一般是200 mm左右,唯有齿条千斤顶行程较长可达400 mm左右。

千斤顶在起重工作中使用较为广泛,根据作业的环境、作业性质的不同,选用的千斤顶也不同。千斤顶按其结构形式和工作原理的不同,可分为以下三种类型,即液压千斤顶,螺旋式千斤顶和齿条式千斤顶,按驱动的方法不同,可分为人力驱动和电力驱动式千斤顶。

一般千斤顶由于它的工作行程不大,因此,当要求顶升重物至相当大的高度时,就必须分几次进行,在这种情况下,一般采用枕木或其他预先准备好的衬垫物加以垫高顶起的重物。逐步顶升,直至达到所需要的高度时为止。在使用多只千斤顶联合作业时无论是顶高或下降都必须有专人指挥,顶升或下降的距离要保持相等,切不可出现高低差,如有此现象,必须及时调正,加强联系,统一行动保持重物的稳定性,确保施工安全成功。

1. 螺旋式千斤顶

螺旋式千斤顶,按其构造又分为固定式和伞齿轮式(锥齿轮式)。固定式又分为固定式螺旋千斤顶和棘轮扳手螺旋千斤顶。图 3－26 所示为固定式螺旋千斤顶,图 3－27 所示为棘轮板螺旋千斤顶。

(1)固定式螺旋千斤顶,是一种简单的千斤顶,它由带有螺母的底座、起重螺杆、顶托重物顶头和转动起重螺杆的手柄等部分组成。

其工作原理是螺母用螺钉固定在底座上端。当手柄转动时,螺杆即在螺母中上下移动,起到顶起或降下重物的作用。

这种螺旋千斤顶在顶升重物时,手柄需作 360 度圆周运动,必须具有手柄运动的空间,有时由于操作位置关系,手柄不允许作 360 度的回转,使用不方便,因此使用的场合有一定的限制。工作效率也不高,在起重作业中很少采用。

棘轮扳手螺旋千斤顶,其工作原理与前者相同,仅仅不同的是手柄的区别。在工作时只需来回摇动手柄,便能使螺杆作上下移动,而且手柄来回移动的范围较小,使用比前者方便许多。

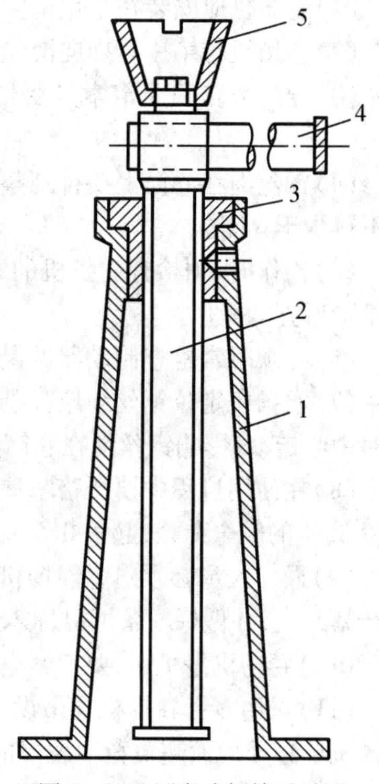

图 3－26　固定式螺旋千斤顶

1—底座;2—起重螺杆;3—螺母;4—手柄;5—顶头

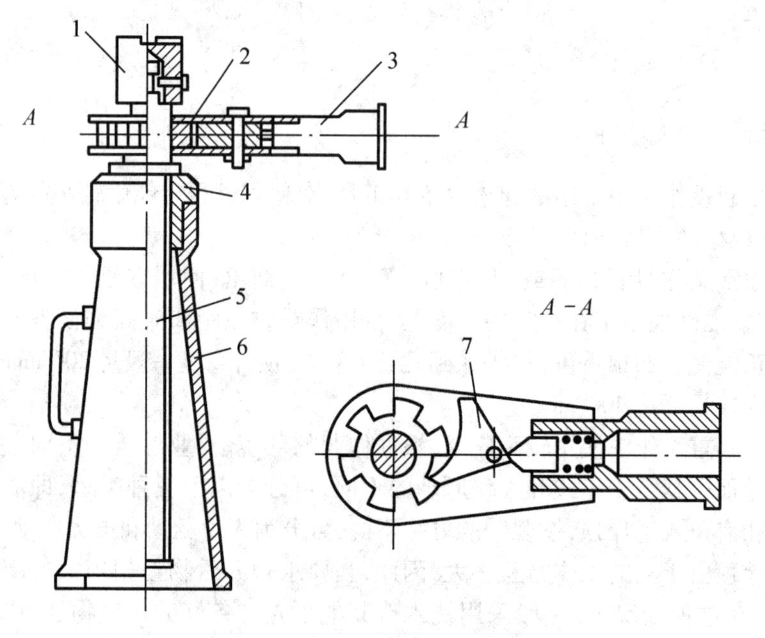

图 3－27　棘轮扳手螺旋千斤顶

1—顶头;2—棘轮;3—手柄套;4—螺母;5—螺杆;6—壳体;7—棘爪

螺旋千斤顶的螺纹由于其导角小于螺杆与螺母间的摩擦角，具有自锁作用，所以在重物的作用下，螺杆不会转动而使重物下降。

(2)伞齿轮式(锥齿轮式)螺旋千斤顶。它的结构如图3－28，在壳体内装有螺母套筒、螺杆和伞齿轮传动机构等。它的螺杆部分只转动不升降，在套筒上铣有定向键槽，套筒只升降不转动，故而在工作时扳动摇柄转动伞齿轮使螺杆转动，螺杆旋转时，套筒就沿着壳体上部的定向键升降。在伞齿外部装有摇柄的地方，有一个换向扳钮，用它可以控制伞形齿轮的正、反向转动，带动螺杆倒转或者顺转，使套筒上升或者下降。在伞形齿轮的底部与底座间装有一只推力轴承，用于减少齿轮底部的摩擦。这种螺旋千斤顶的起重量可3～50 t，顶升高度可达250～400 mm，伞齿轮式螺旋千斤顶的规格见表3－13。由于特制推动力轴承转动灵活，摩擦损耗小，因此效率高、操作轻便、耐用，尤其突出的特点是可横向顶物。

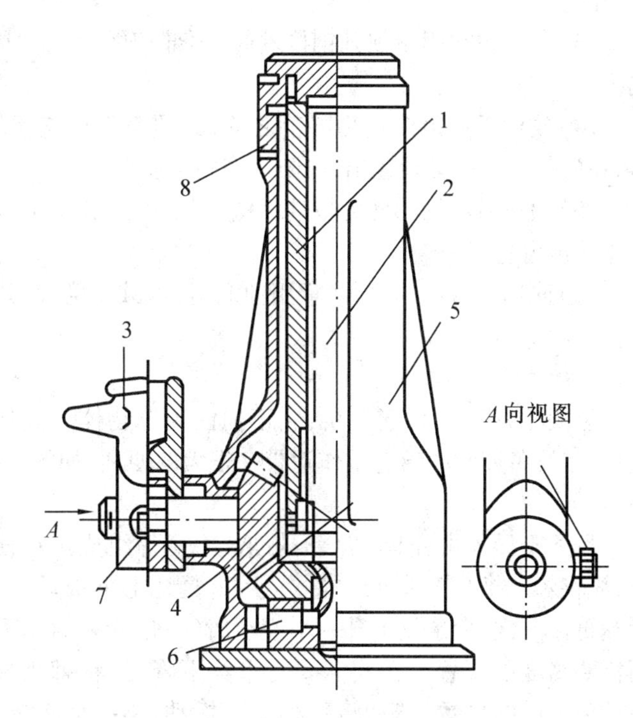

图3－28 伞齿轮式螺旋千斤顶

1—螺母套筒；2—螺杆；3—摇把；4—伞形齿轮；5—壳体；6—推力轴承；7—换向扳钮；8—定向键

表3－13 锥齿轮式螺旋千斤顶的技术性能规格

型号	起重量 /t	最低高度 /mm	起升高度 /mm	手柄长度 /mm	操作力 /N	操作人数 /人	自重 /kg
LQ－5	5	250	130	600	130	1	7.5
LQ－10	10	280	150	600	320	1	11
LQ－15	15	320	180	700	430	1	15
LQ－30D	30	320	180	1 000	600	1～2	20
LQ－30	30	395	200	1 000	850	2	27
LQ－50	50	700	400	1 385	1 260	3	109

螺旋千斤顶使用注意要点。

(1)螺旋千斤顶在使用时，应注意不得超过允许的最大顶重能力，防止因超负荷引发事故。

(2)顶升重物前，应放正千斤顶位置，保持垂直，底部基础应坚实可靠，以防螺杆偏斜引起事故。

(3)千斤顶在用于顶升钢构件时,顶部接触处应衬垫木片,防止使用不当而滑脱,弹出伤人。

(4)放松千斤顶使重物降落之前,必须事先检查重物是否已经支垫可靠,然后慢慢放落,在放落时手指必须让出,以防压伤确保安全。

(5)顶重时应均匀使力扳动手柄,切不可冲击扳动,因上下冲击扳动容易引起事故和损坏千斤顶齿轮。

(6)使用保管中,必须注意用油润滑,以减少磨损,防止降低使用寿命。

2. 齿条千斤顶

齿条千斤顶又称起道机,它不但能顶升物体还能钩抬物体,在设备安装中给起重作业带来很大的便利,如图3-29所示。

图3-29 齿条式千斤顶(起道机)

齿条千斤顶由壳体、齿条、棘爪、手柄等组成。在使用时,先将棘爪推到升举的位置,然后重复地上下扳动手柄,手柄再扳一次,齿条就上升一小股距离(一齿牙),直上升到所需要高度的位置。在当需要将重物下降时,将棘爪扳手扳放到下放的位置,然后将手柄上下扳动,当手柄上提时,齿条就下降一小段距离,手柄往回扳动时,由于棘爪的制动作用,重物不会继续下滑。连续往复扳动手柄,即可将重物下降到需求的位置。

齿条千斤顶使用注意事项。

(1)使用前应先检查制动齿轮及制动装置的可靠程度,并保证在顶重时能起制动作用。

(2)在扳动过程中,一般用撬杠扳动,在使力过程中最多只得两人。

(3)在使用过程中,设备式重物下降时,双手应用力压住手柄(撬杠),缓缓向上松动,切不可突然放松,以防手柄在物体重力的作用下,弹起造成伤人及发生事故。

(4)在使用钩部作业时,钩部的起重能量是顶重能量的1/2左右,不得超限。

(5)顶升重物时须将千斤顶垂直放置,并不容许超负荷,以确保安全使用。

(6)齿条千斤顶在使用完毕后,一定要清洁保养,防止杂物沾阻齿条和棘爪等部件,增加阻力,降低其安全使用性能及缩短使用寿命,为此,一定要定期清洗加油保养。

3. 液压千斤顶

液压千斤顶是起重工作中用得较多的一种起重工具,用它来顶升重物,它的顶升高度为100~250 mm,起重量较大。大的液压千斤顶其顶重能力可达500 t以上,液压千斤顶工作平稳安全可靠,操作简单省力,最突出的特点是承载能力大。

液压千斤顶主要由工作油缸,起重活塞、柱塞泵、手柄等组成,按帕斯卡定理设计而成。工作时利用千斤顶的手柄驱动液压泵,液压泵此时产生几百个大气压将油液压到起重活塞底部缸内,推动活塞上升,顶起重物,当活塞上升到额定高度时,由于限位装置的作用,活塞杆不再上升。在需要下降时,仍用手柄开槽的一端套入开关,作逆时针方向转动,单向阀即被松开,此时活塞缸内的工作液油就通过单向阀流回外壳内(油箱),活塞同时即渐渐地下降，根据下降需要中途也可关闭单向阀。活塞即刻停止下降，如图3－30 YQ_1 JBZ104－79 油压式千斤顶工作原理示意图。

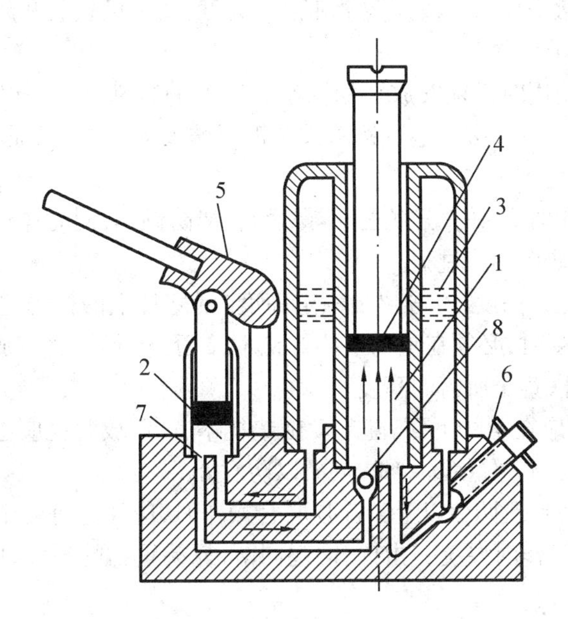

图 3－30　油压式千斤顶 YQ_1 JBZ104－79

油压千斤顶工作原理示意图

1—油室；2—油泵；3—储油腔；4—活塞；5—摇把；6—回油阀；

7—油泵进油门；8—油室进油门

表 3－14　YQ_1 JBZ104－79 油压千斤顶技术数据表

型号	起重量	最低高度H（不大于）	起重高度H_1（不小于）	调整高度H_2（不小于）	活塞直径	泵芯直径	公称压力	起升进程（不小于）	手柄长度	手柄作用力（不大于）	活塞压下力（不大于）	底座尺寸长×宽或直径	净重（近似）
	/tf	/mm					/（kgf/mm^2）	/mm		/kg		/mm	/kg
$YQ_1$1.5	1.5	165	90	60	24	12	330	50	450	28.5	30	105×88	2.5
$YQ_1$3	3	200	130	80	30	12	425	32	550	30	30	115×99	3.5
$YQ_1$5A	4	235	160	100	35	12	520	23.5	620	32	30	120×108	5.0
$YQ_1$5B	5	200	125	80	35	12	520	23.5	620	32	30	120×108	4.5
$YQ_1$8	8	240	160	100	42	12	578	16	700	30	30	130×120	6.5
（$YQ_1$10）	10	245	160	100	46	12	602	13.5	700	32	30	135×125	7.5
$YQ_1$12.5	12.5	245	160	100	50	12	637	11	850	27	30	150×138	9.5
$YQ_1$16	16	250	160	100	55	12	674	9.5	850	29	30	160×152	11
$YQ_1$20	20	285	180	—	60	12	707	9.5	1 000	28	50	172×170	18
$YQ_1$32	32	290	180	—	75	12	724	6	1 000	29	50	205×195	24
$YQ_1$50	50	305	180	—	90	12	786	4	1 000	31	50	230×230	40
$YQ_1$100	100	350	180	—	130	12	754	2	1 000	31	80	300×260	95

液压千斤顶使用注意事项。

(1)使用时要注意千斤顶的载荷能量和顶升高度,切不可超载和超过容许的顶升高度,以防产生事故和损坏千斤顶。

(2)液压千斤顶使用时必须安放在稳固平整坚实的基础上,松软地面和脆性的水泥地面,都不能直接放置千斤顶,必须垫以枕木或者钢板增大支承面,保证不使顶升时发生千斤顶下陷倾斜。

(3)千斤顶在使用时必须平正直立,不得歪斜,严防倾倒,同时操作杆不得随意加长,防止超载。同时操作时动作不能过猛。

(4)顶升时注意上升高度、不得超过额定高度(活塞杆上的标志线)。当需要将重物顶升超过千斤顶额定高度时,必须在重物下垫好枕木,卸下千斤顶,将其放至最低高度,将其底座垫高,然后重复顶升,直至所需的高度。

(5)顶升重物时,应在重物下面,随起动随垫枕木,往下放时也应逐步向外抽出,保证枕木与重物间的距离一般不超过 50 ~ 100 mm,以防意外。

(6)在同时使用两台或两台以上千斤顶联合操作时,应注意每台千斤顶的负荷平衡,再不得超过额定负荷。工作时要统一指挥,同起同落,保持重物的平稳,以免发生重物倾斜的危险。

(7)千斤顶在使用前,应认真进行检查,试验和润滑液压千斤顶应按规定期限拆卸检查,清洗和换油。

第五节　撬　　棒

撬棒俗称撬棍是起重作业中经常使用的工具之一。在设备安装时,常用它来调整设备的位置,对于一些小型设备和一些质量不大的重物,常常用它来撬起一定的高度,以便在设备或重物的下面垫放垫木、滚杠、千斤顶,它是滚运、拖移安装设备过程中的辅助工具之一。

撬棒是根据牛顿的杠杆定理,按实际操作需要设计而成的,既可撬,也可拨的起重工具。使用撬棒的目的就是用较小的力撬起较重的重物。

1. 撬棒的制作

撬棒的制作材料,一般使用 45 号钢制成撬棒的外形,圆锥的头部,60 ~ 100 mm 处及弯曲部分均应淬火,并经回火处理。撬棒的长度和直径可根据工作的实际需要制作 ,一般标准撬棒的长度为直径的 40 倍左右锥体部分的长度为直径的 6 ~ 8 倍。弯曲部分的长度为直径的 3 倍左右,如图 3 - 31 撬棒外形图。

2. 撬棒的使用方法

撬棒的使用方法有以下几种。

(1)支点在用力点与重物之间,见图 3 - 32(a)。

(2)支点在用力点与重物的一端。用力点到支点的距离大于重物作用点到支点的距离,如图 3 - 32(b)所示。这二种使用方法显而易见都是属于利用撬棒将物体撬高或向前撬移。

(3)迈——就是用撬杠将设备撬起的同时,向左或向右移动,使设备或重物左右移动

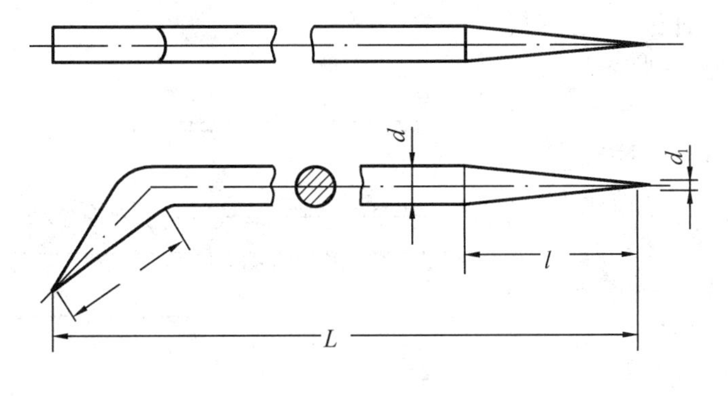

图 3－31　撬棒外形图

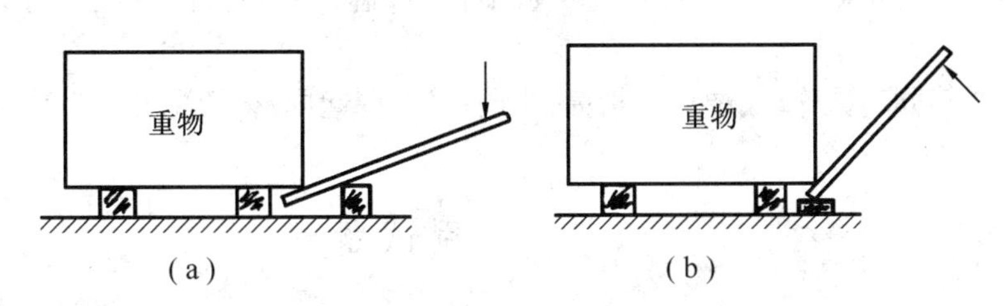

图 3－32　撬棒使用示意图

(a)支点在用力点与重物之间;(b)支点在用力点与重物的一端

(作短距离的移动)这一操作方法在安装设备工作中常为了使设备正确就位而采用。“迈”的操作方法与撬的方法相近,将撬棒斜插,设备下面撬棒头右放在移动物的重心处,偏向运动方向一侧。下压撬棒尾,当设备离地后再在水平方向横推撬棒尾。撬棒就绕着支点移动,撬棒力点之物就随之移动,也就是撬棒尾向左撬棒头部就向右,移转到一定的角度。不能再转时,就将设备放下继续迈第二次直到设备移到所需要的位置为止。

(4)拨——就是用撬棒拨动设备,拨是第二类杠杆,重点在中间,支点在设备底下,在拨设备时,先将撬棒斜插在设备底下,手握撬棒尾向上前方用力拨动设备,设备此时就向前移动。当一根撬棒拨不动时可以用几根撬棒同时拨,还可以用扛撬棒尾的方法来增大拨动的力量。

3. 撬棒的使力计算

撬棒的使力计算是根据牛顿的杠杆定律,即力×力臂＝阻力×阻力臂。

公式表示式为:$F_A \times AO = F_B \times BO$

例　有一根型钢其两头搁在枕木上,重力约 2 tf,每端受到的重力为 1 tf,现在须用撬棒将一端撬起填高,杠杆的中间部分用枕木垫作为支点,支点距钢轨端为 0.3 m,往下压的使力点距支点为 1.7 m,问需用多大的力量才能将此型钢的一端撬高?如图 3－33 撬高示意图。

解　利用计算公式:力×力臂＝阻力×阻力臂

则:力＝1×0.3÷1.7＝0.3÷1.7＝0.176 tf＝176 kgf

答:在撬高的过程中需使力 176 kgf 才能撬高型钢。

4. 撬棒使用时的注意事项。

(1)撬棒不宜过长,切忌在撬棒的尾部加套管子以此来增大力距,减轻使力。

(2)使用过程中,只能侧面用力,切不可用脚踩的方式使力,以防撬棒突然滚动翘起伤人。

(3)使力时密切注意支点的情况(俗称山头)当心支点移动致使撬棒突然下落打伤脚背。

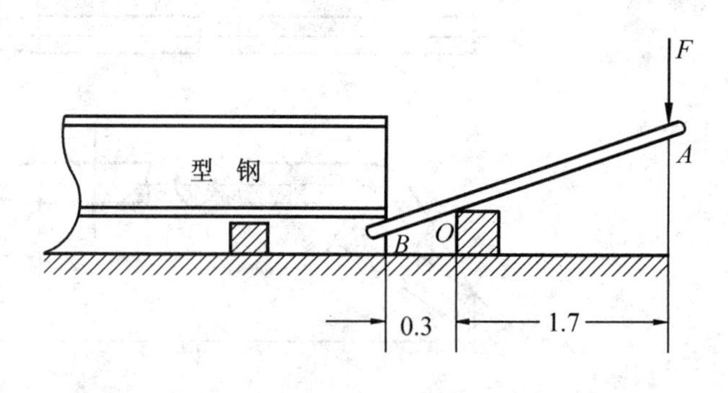

图 3－33 撬高型钢示意图

(4)使用时应双手握棒,身体向前倾斜,侧身用力,但不要用力过猛,以免扳不住时撬棒尾部翘起伤自己的下颌。

(5)严禁采用骑跨姿式使用撬棒,以免扳不住时,撬棒反弹,打伤自己,而致伤人事故发生。

(6)多根撬棒同时操作时,要统一指挥,步调一致,同起同落,切忌各自为政,盲目操作。

第六节 应用试题

1. 按滑轮的用途分类,可分为哪几种?
2. 导向滑轮所受的力是什么力,有几种方法求得?
3. 滑轮组的顺穿与花穿有何区别?
4. 葫芦按其驱动方式可分为哪几种?
5. 手拉葫芦在使用过程中应注意哪些事项?
6. 摇车有哪几部分组成?
7. 电动卷扬机在使用时应注意哪些事项?
8. 千斤顶有哪些种类?
9. 为什么千斤顶在使用过程中不能随意加长操纵杆?
10. 在使用撬棒过程中应注意哪些方面?

第四章　起重作业基本操作方法(初级)

第一节　起重作业的性质

起重作业是运用各种力学知识,借助各种起重工具,设备和地形地物,根据起重物的不同结构、形状、质量、重心和起重施工要求,选择采取不同的方式方法,以最简便、最省力、最省时的方法,将 50 kg 以上,甚至数万吨重的物体,按其需要改变其位置和方向的作业称为起重作业。

起重作业的范围以直接或间接的形式包含国家建设中的各行各业,它包括物体搬运、装卸运输、设备吊装、厂房吊装、隧道建设、打桩拔桩、桥梁架设、船舶建造中的吊装,船舶上排、下水、沉船打捞等等方面。从事这些作业的人员称为起重工。

随着科学的发展和国家建设步伐的需要,作为一名起重作业人员,不仅需有吃苦耐劳的精神,还应具备一定的力学知识,能理论联系实际,根据不同的场合环境,对不同性质的物体,能够选择运用最佳的操作方法。

第二节　起重作业的四要素

起重作业四要素是作为起重作业人员必须牢记和掌握的规程和规范,它是单件起重吊运、吊装工作顺利成功的基本保证,也是起重吊运、吊装工作中人身和设备安全保障体系之一。

起重作业的要素主要包括以下四个方面。

一、工作环境

工作环境是指工作周围地方的场地,工作时的出路进路是否畅通,厂房结构各项数据,土质是否坚固,地下埋物情况、位置、走向,各类施工机械的设置点、固定点是否牢固可靠(如卷扬机、导向滑轮的固定等),室内吊装、环境是否有充分的工作条件。例如,车间要吊装一部电动行车,首先要了解地面到轨面的高度、轨面到屋顶的高度、轨道的距离、车间门的宽度和高度。如选用桅杆机械吊装,那么桅杆竖立位置的基础情况,桅杆缆风绳固定点的位置、稳定状况等,这些情况都要了解清楚。

在起重作业中,只有在了解掌握了环境情况的基础下才能正确地选择起重机械施工。

二、工作物的形状体积结构和重量

1. 了解工作物的形状、体积、结构的目的是掌握工作物的重心,正确地选择起重物的吊挂点,保证被吊物体在吊运时的质量不受损坏和起吊过程中的物体稳定性。

在实际起重作业中每日都会碰到各种各样形状各异的不同形状体积、结构的物体。每次起重吊装都必须按照其形状体积结构,采用适应其形状体积结构的起重吊装方法,如盲目操作必将导致事故的发生。

例如,在吊运大型电器或大型的空调机组时,其体积大具有一定的质量,外壳属于薄板角钢结构,吊运时外壳经不起挤压,在吊运时必须采取措施克服吊索具在受力过程中产生的横向挤压力对外壳的挤压,否则将造成物体外壳变形,影响吊运质量。

同样在吊运可倾压力机机床时,其设备头重脚轻,重心又偏向车头一端,在吊运吊装该类设备时,决不能盲目从事任凭侥幸心理(试试看)。应该采取措施,在吊运时应设法使物体的重心垂直而平稳,在实施滚动滑移该类设备时,同样应采取措施,使物体的重心下移,处于稳定状态确保设备在移动过程中的稳定性。

所以要了解工作物的长宽高和它的特性,同时也要了解其内部结构状况避免只看外表不看实质而错误确定起重吊点酿成事故。同样,如果在船厂吊运吊装船体分段时,还必须掌握分段的刚性强度和分段的幅面大小的特性,它是分段吊运和翻身的重要依据。

2. 了解工作物的质量

了解掌握物体的质量,对起重作业人员而言,尤其重要,在没考虑质量,不明确被吊物质量的前提下吊运是不符合起重作业规范的。为什么呢?作为一名起重作业人员每天的工作是与质量打交道的,他要将几十千克、数吨、甚至几百吨重的物体起重吊运,如果不考虑质量又如何选择起重机械和工具设备呢?盲目冒险没有依据地选择设备,在这样的状况下施工作业,伴随的往往是事故的产生。所以起重作业人员员一定要明确了解工作物质量,就是为了能正确施工和安全施工。

如何掌握了解物体的质量呢?在起重作业中,一般通过以下两个途径。

(1)一般质量估算方法

①计算法——体积×密度

②查阅图纸或查铭牌加以研究。因为有些设备、图纸、铭牌只标明主体质量,一般不标出辅助体和内部盛装液体等物的质量。

③经验比较估算法。在无法查阅和计算的情况下采用物与物比的方法确定其质量。即与已知重物的大小相比推断出其近似质量,还可以采用化整为零的分解比较估算法进行。

(2)作为一名合格的起重人员必须熟知自身的高度、脚步的尺寸等肢体尺寸数据,以及常见物的尺寸和质量,便于在无法得到物体资料的情况下,采用比拟参照依据所用。

总之起重作业人员要把经验估算的方法,与科学的计算方法结合起来,计算出实际工作物的质量,便于正确合理的配备起重工具和设备。

三、正确的施工方案和方法

在掌握了解了作业环境和物体的形状、结构和质量的前提下,对该物体的吊运或者吊装必须制定一个完整合理的施工方案或操作方法。正确合理的施工方案或操作方法,具有以下几个目的和作用。

1. 目标明确性,使所有参与施工的人员,能根据拟定的操作方或方法步调一致地进行作业和施工。

2. 可操作性,以最简施工方法达到施工的目的。

3. 经济性,以最少的机械工具和人员的投入,取得最佳工作效率。

4. 安全可靠性，每个施工人员都了解、熟悉施工方案或操作方法，就能掌握了解施工的程序，明确自己的岗位和施工时的注意事项，从而在施工中就能达到步调一致，使吊运工作顺利地进行。

四、起重工具和设备

在了解掌握了以上三个要素以后，工具设备是一个重要的环节。配备工具设备时，必须要根据起重物的大小高低、形状结构、材料性质及各种复杂系数等情况来进行。在某些起重作业过程中，起重工具的配备还必须根据地形、地物，特别起重设备机械，以建筑物结构等各种条件而定。

配备工具设备的原则，既要经济合理，又要安全可靠。往往有这样两种情况：①为了保证安全，无限地加大安全系数，不顾经济效益和操作过程中的可操作性。造成资源浪费，人为地增加操作难度（机械工具增多），这是不合理的。②为了省工省料，以小代大，使机械工具在超载的状况下施工。贪图方便，单纯考虑经济效益，忽视安全，这也是不合理的。

合理安全地配备工具设备是一项细致而复杂的工作，两者不可缺一，我们每一位起重作业人员，能真正做到做好这一点，就必须在实践工作中反复总结，将实践经验与科学知识结合起来，不断提高自己的操作技能，操作时要有高度责任感。

第三节　起重作业的基本操作方法

起重作业施工的范围很广，它涉及到工业、农业、建筑业和国防建设，有时也涉及到日常生活。在施工中有时条件比较复杂，如车间内与车间外、平地与高层、陆地与水上等等。所以起重作业的方法选择，往往随着起重作业的要求时间、场地情况、工具设备及人力等情况变化而变化。

起重作业的方式虽然千变万化，但基本操作方法归纳起来不外乎抬、撬、撞、拉、吊、顶、滑、滚、转、卷、浮等几种。在起重作业中，有时只需用以上的一种施工方法就能达到目的，有时却要用几种方法混合使用方能达到施工目的。

对以上的基本操作方法，有的涉及很深奥的力学知识，本书本章节只能对以上的各种操作方法，由浅入深地引入，便于学员的理解和掌握。

一、抬的操作方法

抬也称为扛，即一个人或一台起重机械，起重能力有限无法使重物移动时，往往采用多人或多台起重机械联合，合成一股合力将物体移动，这样的施工方法我们称为抬。

1. 人力抬——当设备的质量在 200 kg 以下，占地面积不大时，如电机、小型设备齿轮箱等，在施工现场又缺乏小型装载机械、驳运或缺乏吊运机械吊运。在这样特殊的情况下，一般采用人力抬。

两人抬时，扁担式杠棒要放在二人的后颈和肩上，手心向下，脚向外侧伸，上体向里微斜，肩相同，两人同时迈步前进，前者出右脚、后者出左脚。

四人抬时，当设备在 200～300 kg 需四人抬时，先用一根牢固的长木杠放在设备上面，再用两绳套在设备的下端绑紧，两头各二人分别站在长扛两端，两人并肩抬住设备，步调一致前进。

用人力抬的方式除此之外，还有六人抬、八人抬十人抬等，在此不作一一介绍。

2. 机械抬——就是采用多台起重机械联合作用的一种形式。如一根长 10 m，高 1.2 m、面宽 0.6 m 重约 8 t 的工字型结构型钢需装车，现场只有 5 t 铲车，在这样的情况下，可充分地利用现有的起重机铲车装车，可节约一笔可贵的汽吊装载费用。

操作时，因型钢的质量已大于一辆 5 t 铲车的起重能量，在这种情况下可采用两台铲车，按型钢的长度，等距离分配，使两辆 5 t 铲车均等受力。两辆铲车在型钢同一侧面，铲脚铲入型钢下，同时铲高、装车时可采用两台 CK 铲车同步前进装上车，也可以让汽车倒进，使车皮正好处在装载位置，同时下降，就达到装车的目的，这种充分利用现有的条件，因地制宜的起重作业方法，在日常的起重作业中不胜枚举。

在船厂分段建造、分段吊船台拼装，大型船舶主机（万匹柴油机）及大型结构件吊运翻身过程中，通常采用两台吊车或三台、四台吊车进行抬吊或抬吊物体翻身等。这一操作方式，在下面吊的章节中再着重进行介绍。

二、撬的操作方法

撬就是用撬棒将物体撬起来。一般在起重量较轻（约 2 ~ 3 t）；起升高度不大的情况下，可用此方法，撬的时候可用一根撬棒操作，也可以用几根撬棒同时操作。

撬棒的制作材料和撬杆使力计算，以及撬杆在使用过程中的注意事项，可参阅第三章第五节，在此不作重复。

三、撞的操作方法

撞就是利用物体惯性力或冲击力达到完成起重作业任务的目的，例如，在船厂修船拆除舵杆螺母时经常利用悬空的钢质撞山针又称（撞山撞）如图 4 - 1 所示。撞击螺母扳手，利用多人拉动撞山针，利用撞山针自身的质量产生的冲击力撞松螺母。在设置埋桩，回填土的过程中数人合力拉起夯具，利用夯具的自身质量产生的冲击力，使回土填实，使埋式锚桩处于安全的状态等。

四、拉的操作方法

在起重作业中，用拉的方法，包括三个方面。

1. 使用人力拉动物体，例如在使用木滑轮吊运小型物体时，用人力拉动滑轮跑绳，利用人力拉动撞山针，用人力拉高夯具夯土等等。

2. 使用半机械力，例如在使用手拉葫芦过程中，利用手拉葫芦移动物体。葫芦的动力是靠人力拉动的。船舶机舵内的一种手拉行走式行车，大小车的行走动力全靠人力拉动等等。

3. 通过机械力拉动物体，常用的机械有卷扬机牵引机车，利用吊车拉滑轮的操作方法也属于机械拉的一种。总而言之，在日常起重作业中利用这三种形式进行操作的事例很多。有待于自己的观察和效仿。

五、吊的操作方法

吊这一操作形式在起重作业中使用最为广泛，在利用吊过程中有三种形式，即人力、半机械、全机械。

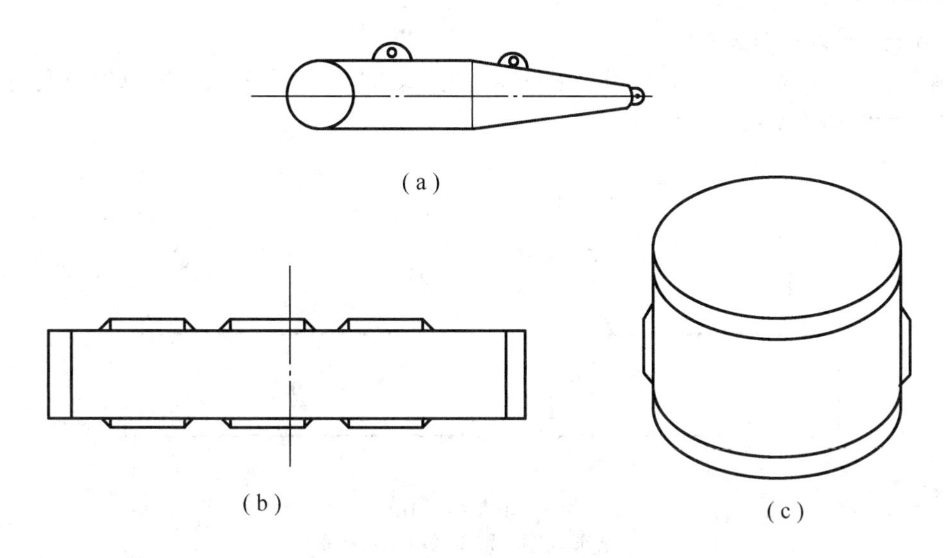

图 4-1 撞山针示意图

(a)钢质撞山针;(b)木质撞山针;(c)夯具示意图

①人力——利用绳滑轮吊物,农村里利用绞磨深井吊水等。

②半机械——利用手拉葫芦吊物,竖立各种桅杆吊物,手拉式行车等。

③全机械——在吊物过程中,利用汽车吊、浮吊、各类电动行车、塔吊、门座式吊车等等。

1. 单车吊

在吊这一过程中的形式又分为单车吊、双车抬吊和三、四台吊车共同抬吊等,如图 4-2 单车吊,这两种单车抬吊形式就有明显不同,如图(a)是用两根吊索具,虽然它与吊车受力无关系,但吊索具的受力大小与两吊索的受力夹角大小有明显区别。因为此时吊索需承受两个方向的力,一个是物体质量产生的垂直拉力作用于吊索上,同时又要克服物体质量所产生的水平分力。

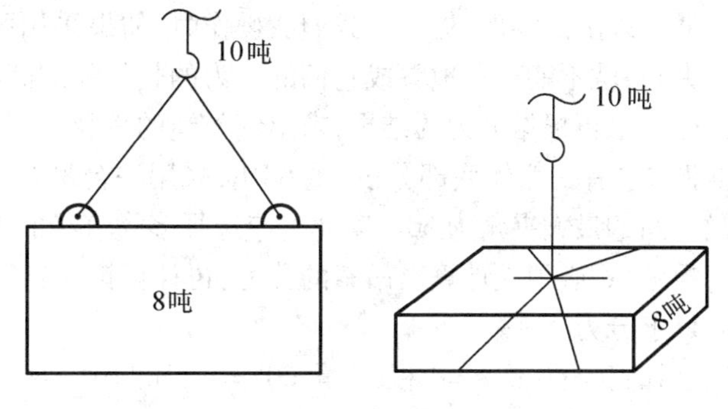

图 4-2 单车吊

(a)夹角吊;(b)重心——点吊

所以吊索是在成一定角度使用时,它所受的力是合力。合力的大小与吊索具的角度有关,夹角越大、合力越大。从理论上而言,当用两根吊索吊物时,两根吊索的垂直夹角等于60°时,每根吊索的受力等于物体的质量。求证每根吊索的受力我们可用分力公式求得,即

$$F_{分} = \frac{Q}{n \cdot \cos\alpha}$$

式中 $F_{分}$——每根吊索的受力;

Q——物体的质量;

n——共 n 根吊索；

α——吊索间的最大夹角。

例 1 有一个物体重 10 t,采用二根吊在夹角 120°的状态下吊运,此时每根吊索的实际受力为多大？如图 4-3 所示。

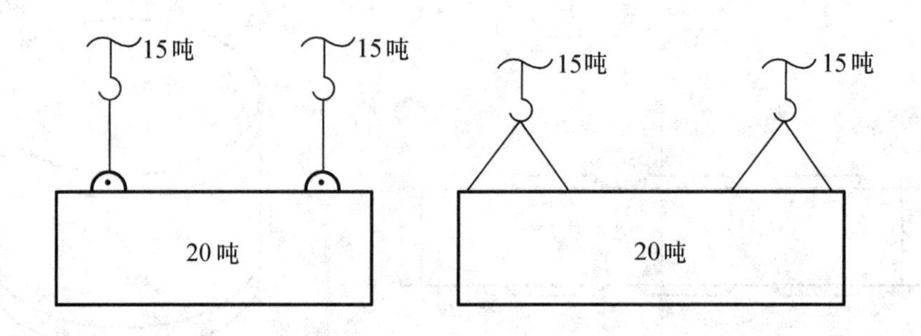

图 4-3 双车抬吊

(a)各车单点抬吊;(b)各车双点抬吊

已知:$Q=10$ tf,$n=2$,夹角 $120°=\cos 60°=0.5$,求:$F_{分}$

解 根据 $F_{分}=\dfrac{Q}{n\cdot\cos\alpha}$

$$F_{分}=\frac{10}{2\times 0.5}=10\ \text{tf}$$

答:此时每根吊索的实际受力等于 10 tf。

通过以上的实例,提示了我们在操作时,如果采用两根或四根钢丝绳吊物时,只要成一定的夹角,就不能轻易地看成它们的受力的是相除的商的结果。必须经过计算论证,求得它们的分力。再根据分力的结果,求出钢丝绳的直径。

例 2 有一船体底部分段,重 60 tf,采用一台吊车,选用四根等长吊索,在吊的过程中,钢丝绳间的最大夹角为 60°,问此时应选择多大直径的钢丝绳才能安全起吊？

根题意,必须先计算出吊索的分力,再计算钢绳直径：

1. 求分力

已知:$Q=60$ tf,$n=4$ 根,夹角 $60°=\cos 30°=0.866$,求 $F_{分}$

解 $F_{分}=\dfrac{Q}{n\cdot\cos\alpha}=\dfrac{60}{4\times 0.866}=17.32$ tf

2. 求钢丝绳直径

已知:$F=P=17.32$ tf $=17\ 320$ kgf $k=6$ 倍

$$P_{使}=\frac{54D^2}{K}=\frac{54D^2}{6}=9D^2$$

$$P_{使}=9D^2\quad D=\sqrt{\frac{P}{9}}=\sqrt{\frac{17\ 320}{9}}$$

$$D=53.73\ \text{mm}$$

答:应选择直径略大于 53.73 mm 的钢丝绳才能安全起吊。

2. 双车抬吊

双车抬吊这一吊运的形式,主要由两个方面形成,一是物体的质量大于单台起重机械起吊的额定载荷能力；二是物体因超长，刚度不够，为了防止变形，采取均体力系原理，设置多点吊运。以保证物体在吊运过程中不变形。如图4－4所示。

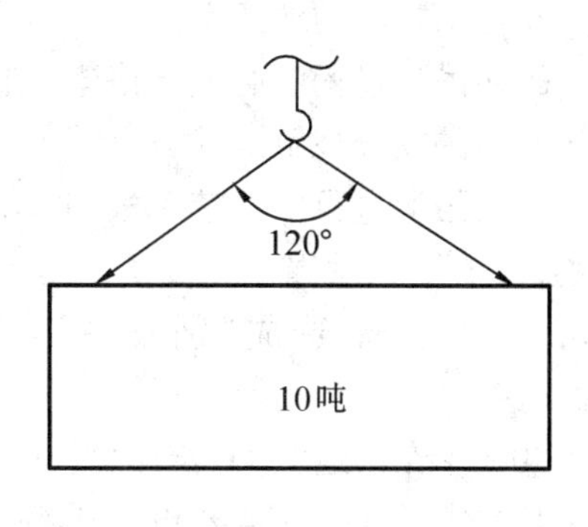

图4－4　吊索120度时市场

但在双车抬吊过程中，按以下几个方面的要求执行。

①施工时必须熟悉两台吊机的各项性能和起重载荷。

②两台吊机的总起重量，必须在降低20%时，总起重量仍大于物体重力。

③根据各吊机的起重能力，在物体上作力距分配不得盲目设置吊点，这样很危险，很容易造成事故。

④在物体上设置多点起吊时，每台吊机吊构上的千斤必须设置"活头"，便于两台吊机略有快慢时的物体倾斜时的吊索滑动，如不这样设置的话，当物体倾斜时就会造成部分吊索受力，丧失多点设置吊点的目的。

⑤操作时必须专人指挥，力争做到快慢一致，运行动作协调合理。

双车抬吊的形式如以吊车而言有多种，一种为相等起重载荷的吊车抬吊，另一种为不相等起重载荷的吊车抬吊，以及不同类起重机械的抬吊等。

如以物体而言，也有匀称物体的抬吊和不匀称物体的抬吊，以及可在物体上直接抬吊和借助平衡梁抬吊等形式，如图4－5所示。

以图4－5(a)为例，它是一个匀称的物体，而且在抬吊的过程中选用两台相同起重载荷的吊车，各为15 tf，这也表明它的总安全起重载荷为24 tf，恰好等同于物体的质量，能安全起吊，类似于这样的状况，我们只要在物体上均等设置吊点即可，以图4－5(b)为例，它采用的是两台不同载荷吊车，为此它的吊点就不能等距离设置，而是应根据每台吊机起重量在物体上的力矩进行计算后而设定：

即：$T_1 \times OA = T_2 \times OB$

按图4－5(b)为例：

在已知 $T_1 = 10$ tf，$T_2 = 20$ tf，$Q = 24$ tf，$L_{总} = 12$ m，$K = 80\%$

求：1. 能否安全起吊；2. $OB = x = ?$

解1：$(T_1 + T_3) \times 80\% \geqslant Q$

$$(10 + 20) \times 80\% \geqslant 24$$

$$24 \geqslant 24$$

解2：$T_1 \times OA = T_2 \times OB$

$$10 \times (6 - 0.5) = 20x$$

$$x = \frac{55}{20} = 2.75 \text{ m}$$

即：10 tf × 5.5 m = 20 tf × 2.75 m

$$55 \text{ tf/m} = 55 \text{ tf/m}$$

答1：采用10 tf和15 tf两吊机抬24 tf的物体是安全的。

答2：20 tf吊机的吊点距离物体中心为2.75 m。这样两台吊机受力才能均等。

3. 在吊物时的注意事项

①在吊运过程中必须严格遵守起重十不吊的安全规范。

②在吊运过程中严禁单根钢丝绳吊物，因单根钢丝绳吊物受力后容易打转，产生松绳，造成“别股头”（绳套）拉脱。

③在单车吊运大型、长形物体，或环境比较复杂时，一定要设置1到2根拉杆绳，便于物体空中运行时的方向调节。

④双机抬吊总起重力必须降低20%，不能超负荷且必须抬吊规范。

⑤在吊运时吊点设置必须牢靠、安全，不得盲目设置吊点。

总之在吊的形式上不仅仅这几种，还有很多，如特定环境下利用长短吊索的倾斜吊法，以及利用平衡梁抬吊等等。这些在中级和高级起重工艺里再进行展开。

15 tf　15 tf
A　O　B
$Q = 24$ tf
0.5
12米

（a）

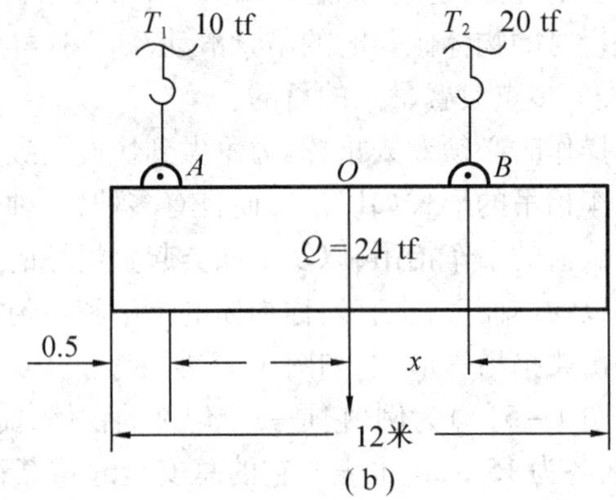

（b）

图4-5　双机抬吊示意图

六、顶的操作方法

顶有两个概念，一种为静止，另一种是运动。在坑道里施工，有时利用木方或型材将顶部顶住，以防塌方。这一形式的顶，我们认为属于静止的顶，因为一旦顶住，它的高度不会再发生变化。它也属于起重作业中顶的操作方法一部分。

我们今天要阐述运动形式的顶，它的表现形式为物体随着千斤顶的顶升运动，直至物体所需的高度。

这种操作方法中的顶升机械——千斤顶在第三章第四节中对它的种类、性能和使用方法，都作了一定的阐述。当然，随着工农业的发展，起重作业中用顶方法也日益增多，技术也逐步成熟先进。如在顶升重大型设备时利用几个甚至几十个大行程千斤顶同步顶升的起重作业方法等，都在广泛应用。

七、滑的操作方法

在起重作业中使用滑的操作方法就是将设备放在滑道上，用卷扬机或人力在较长距离的路线上作移动牵引。或人为地设定滑道，利用物体自身质量产生的下滑力，达到起重作业的目的。如冷库利用一定的高设备滑道将冷冻物品通过滑道滑下装车发运，达到减轻劳动强度、提高生产效率的目的，再如船舶在船台上建造成后利用滑道下水这一过程，就是典型的滑的操作方法，船台是人为设计的坡度，就是利用船舶的自身质量产生的下滑力，达到起重作业使船舶顺利下水的目的。

（一）滑动摩擦力的产生

在起重作业中滑的形式有两种，一种为平地滑移，另一种为坡道滑移。无论采用哪一种滑移，其表现形式都属于一个物体沿着另一物体运动，在这一运动中产生的摩擦叫滑动摩擦，如图4－6所示。

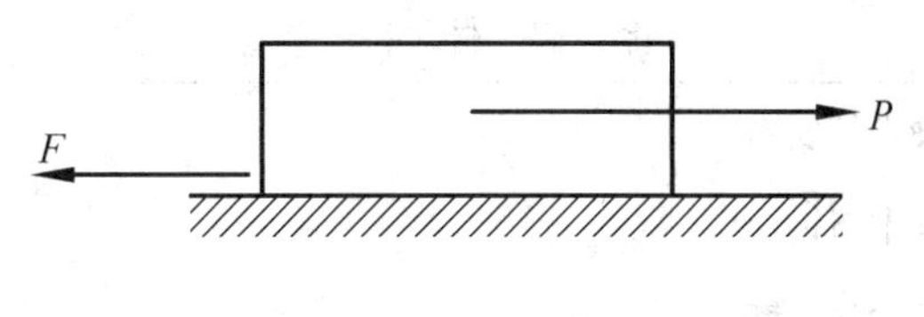

图4－6　滑动摩擦

摩擦力的产生，主要是由于两个摩擦面不平而产生的（其分子之间的相互作用亦有影响），甚至被磨得十分光滑的表面，当用显微镜观察时，亦可看出表面有粗糙不平的地方，两个相互接触的物体由于一个物体沿着另一个物体滑动时，其中有一部分不平的地方发生变形，有的甚至被破坏，这样便产生了运动时的阻力，这种阻力，通常称为摩擦力，亦可称为摩擦阻力。摩擦阻力的方向始终与物体运动的方向相反，如图4－6所示P力为物体滑移过程中所使的力，而F则为物体运动时的摩擦阻力。

在起重作业中采用滑移的操作方法，使物体移动必须克服物体滑移过程中的摩擦阻力，按两力平衡原理而言，摩擦阻力的大小与牵引力相等。

（二）滑动摩擦力的计算

图4－7所示，有一物体A受外力P的作用，沿物体B运动，使接触面有相对运动（滑动）。在物体接触面间除了物体A对物体B有垂直正压力N外，在两物体的接触面上还产生了物体B对物体的作用F，此作用力F称为滑动摩擦力（摩擦阻力）。摩擦力的方向与物体A的运动方向相反，摩擦力的大小与垂直正压力N成正比。同时也与两接触物体的材料，接触面单位面积上的压力和相对运动速度有关。通常两接触物体的材料硬度大，表面光滑，接触面单位面积上压力小和相对运动速度大时，滑动摩擦力减小；反之增大。它们的关系式可写成

$$F=\mu N$$

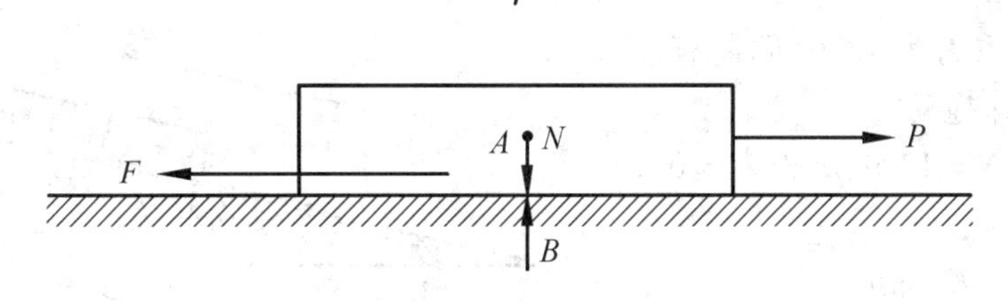

图4－7　滑动摩擦力示意图

式中　F——滑动摩擦力（kgf）；

N——接触面积上的垂直正压力（kgf）；

μ——滑动摩擦系数。

滑动摩擦系数μ的值见表4－1。

表 4-1　摩擦系数 μ 值表

摩　擦　材　料	摩　擦　系　数
硬木与硬木	0.35~0.55(干燥)　0.11~0.08(润滑)
硬木与钢	0.4~0.45(干燥)　0.11~0.05(润滑)
硬木与土壤	0.5
硬木与湿土和黏土路面	0.45~0.5
硬木与冰和雪	0.02~0.04
钢与钢(压力小时取小值压力大时取大值)	0.12~0.4(干燥)　0.08~0.25(润滑)
钢与碎石路面	0.36~0.39
钢与花岗石路面	0.27~0.35
钢与黏土路面和湿土	0.4~0.45
钢与冰和雪	0.01~0.02

在实际拖运中,由于现场的路面和地质情况较复杂,不可能达到理想的状况,因此在实际滑移时,牵引力常需考虑路面不平、土壤疏松和接触面单位上的压力等因素,所以在实际计算牵引力公式为

$$P = K_{动} \cdot \mu \cdot N$$

式中　P——实际牵引力(kgf);

$K_{动}$——物体初动时系数,一般取 1.1~1.5。

注:在特定情况下,式中还需乘上 $K_{起}$(1.5~2)原因在中高级起重工艺学中再加阐述。

例1:有一钢质物体,放置在钢板上,假设钢质物体重力为 12 tf,问需有多大的力才能使物体拖动?

已知:$Q = N = 12$ tf,μ 查表 $= 0.25$,$K_{动} = 1.1$,求:P。

解:　　$P = K_{动} \cdot \mu \cdot Q$

$P = 1.1 \times 0.25 \times 12 = 3.3$ tf

答:要 3.3 tf 的力才能使物体拖动。

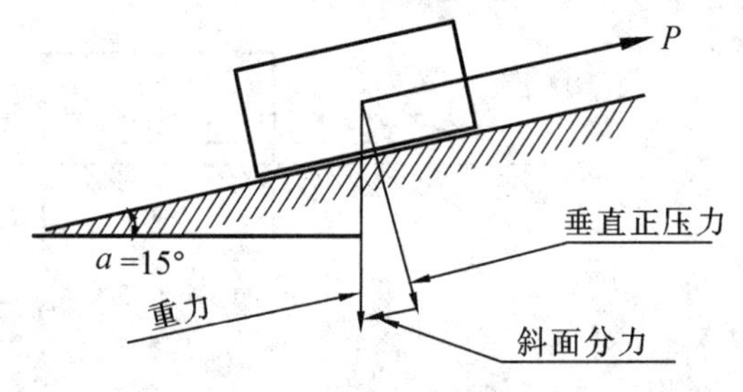

图 4-8　斜坡受力分析图

例2:在坡度为心度的铁轨上有一钢质物体重力为 20 tf,如图 4-8 所示,问所需多大牵引力才能使物体移动?

已知:$Q = 20$ tf,$\mu = 0.25$,$K_{起} = 1.1$,$\sin 15° = 0.2588$,$\cos 15° = 0.9659$,求:N　P'　P

解:垂直正压力

$$N = Q \cdot \cos a = 20 \times 0.9659 = 19.318 \text{ tf}$$

斜面分力

$$P' = Q \cdot \sin a = 20 \times 0.2588 = 5.176 \text{ tf}$$

$$P = (\mu \cdot N + P') \cdot K_{动} = (0.25 \times 19.318 + 5.176) \times 1.1 = 11 \text{ tf}$$

答:需 11 tf 拉力才能使物体沿铁轨移动。

八、滚的操作方法

在起重作业中用管子、托板、钢球滚珠，球轴承走轮轨道和无滚珠走轮轨道平板车，通过机械牵引使物体移动，达到起重运输物体的目的。

采用管子，托板滚运物体的操作方法，通常称为“盘路”，这一操作方法，在起重作业中设备拆装过程中的移位最常用。但使用这操作方法有一定局限性，它只适用物体质量不大，占地面积不大，高度不高的物体。对于高大的物体在移位的过程中，只能滑而不能用滚。例船厂起重量为100 t的门座式吊车移位，因高度近三十几米，重三四百吨，它的整体移位只能采取滑移的方法。还有灯塔类型的物体移位，为了确保移位过程中的物体稳定性，通常也选用滑的操作法。但滚也有它的优势之处即投入成本低、操作简便、机工具投入少、效率高、省力（牵引小）。

从力学而言，滚与滑属于同类型，在物体移动过程中都必须克服摩擦力。就摩擦面而言，除采用滚轮托架或单圆物体滚运外，采用滚杆（管）滚运时，产生的摩擦面有两个，一个是滚杆与下走板产生的摩擦面，第二个是滚杆与上托板产生的摩擦面。如图4－9所示，当一物体沿着另一物体滚动时产生的摩擦就叫滚动摩擦，这就是滚动摩擦的定义。

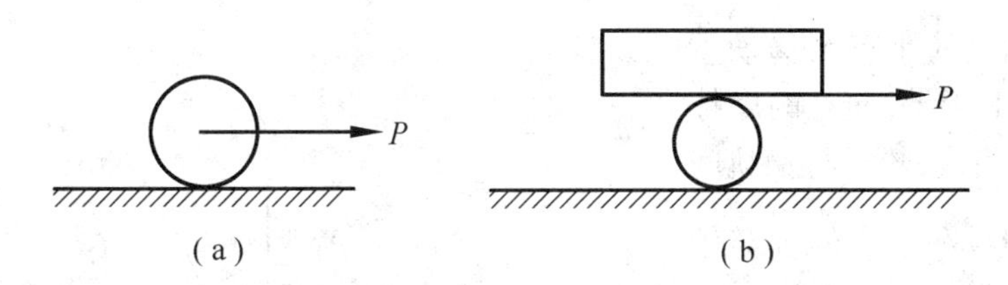

图4－9　滚动摩擦形式

滚动摩擦力计算

图4－10所示，是一种滚动摩擦的形式，重物放在托板上，借助滚杠移动重物此时的摩擦力为：

$$F=\frac{\mu'(Q+nW)+\mu''Q}{D}$$

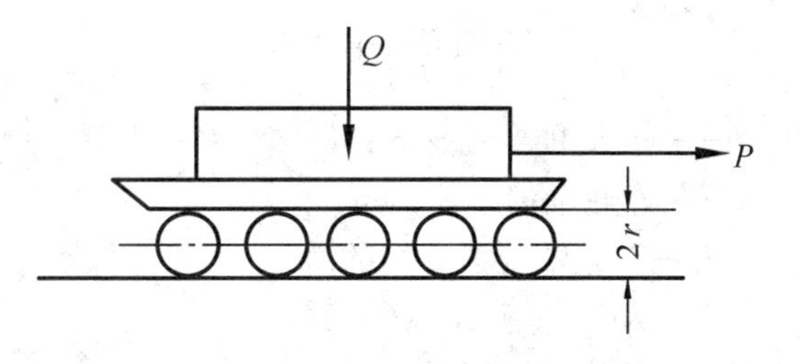

图4－10　滚动摩擦示意图

式中　W——每根滚杠的重力；

n——滚杠的数量；

Q——垂直正压力(kgf)；

D——滚杠的直径(cm)；

μ'——滚杠与下走板的滚动摩擦系数(cm)；

μ''——滚杠与上托板的滚动摩擦系数(cm)。

如果每根滚杠的质量W比重物的质量小得很多时，可以把滚杠的质量nW忽略不计，则公式可简化为

$$F=\frac{(\mu'+\mu'')\cdot Q}{D}$$

不同材料的摩擦系数见表4－2。

表 4-2　不同材料的滚动摩擦系数 μ' 或 μ'' 值表

摩　擦　材　料	滚　动　摩　擦　系　数（cm）
木材与材料	0.05～0.08
木材与钢	0.03～0.05
钢与钢	0.005
淬火的钢珠与钢	0.001～0.004
汽车轮胎沿着沥青的路面	0.015～0.021
钢滚杠和钢拖板	0.07
钢滚杠与木材	0.1
钢滚杠在土地上	0.15
钢滚杠在水泥地上	0.08
钢滚钢在钢轨上	0.05

借助钢轨上的小车来移动重物，如图 4-11 所示，此时的摩擦力由两个部分组成，轮子与钢轨间的摩擦力（$\frac{\mu'}{R}Q$）和轮子的轴与轴瓦之间的滑动摩擦力或滚动摩擦力（$\frac{\mu r}{R}Q$）。即

$$F=\frac{\mu'}{R}Q+\frac{\mu r}{R}Q=\left(\frac{\mu'}{R}+\frac{\mu r}{R}\right)Q$$

式中　R——车轮的半径，mm；

r——车轮轴的半径，mm；

μ——车轮轴与轴瓦间的滑动摩擦系数，对于采用青铜或巴氏合金制作的轴瓦，$\mu=0.06$～0.1，对于采用滚动轴承的轴，$\mu=0.01$～0.015 cm；

μ'——车轮与钢轨间的滚动摩擦系数（cm）。

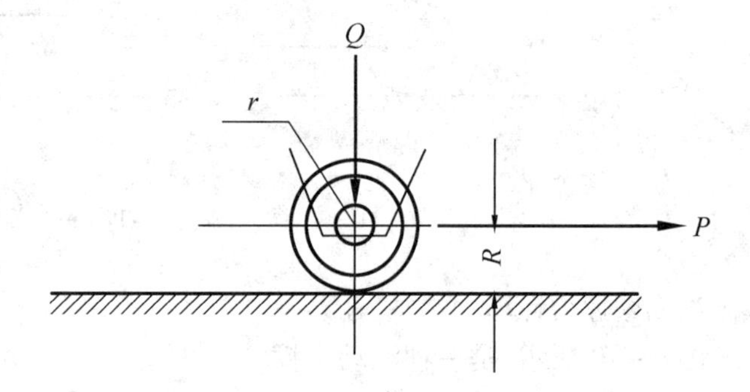

图 4-11　轮子滚动摩擦示意图

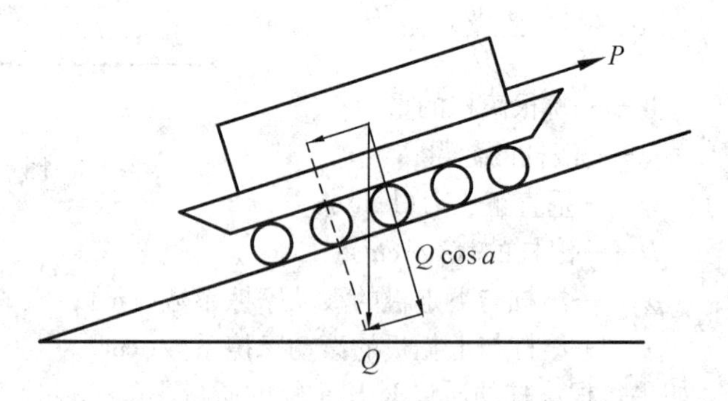

图 4-12　重物在斜坡滚动示意图

对于采用托板（拖板、小船）在斜坡上拖运时，如图 4-12 所示，按下列公式计算

$$F=\left(\frac{\mu'+\mu''}{D}+\tan a\right)Q\cdot\cos a$$

在采用滚轮小车在斜坡上拖运时，按下列公式

$$F=\left(\frac{\mu'}{R}+\mu\frac{r}{R}+\tan a\right)Q\cos a$$

例1：有一物体重25 tf，在水泥地上采用木托板滚运，滚杠采用ϕ108 mm的厚壁无缝钢管，问此时需多大的力才能拖动物体？

已知：$Q=25$ tf，$D=10.8$ cm，查表$\mu'=0.1$，查表$\mu''=0.08$，$K_{动}=1.1$

求：$F_{拖力}$

解：
$$F=\left(\frac{\mu'+\mu''}{D}\right)Q\cdot K_{动}$$

$$F=\left(\frac{0.1+0.08}{10.8}\right)\times 25\times 1.1=0.47\text{ tf}$$

答：需要0.47 tf的拖力就可将25 tf重的物体拖动。

但在起重实际操作过程中不可预测的情况很多，都会造成拖力的增加，为了理论更切合实际，在计算的最终必须再乘上一个修正系数1.5～3.5，这一系数通常称为起重系数，符号用$K_{起}$表示。

接上式
$$K_{起}=2.5$$

即
$$P=F\cdot K_{起}=0.47\times 2.5=1.175\text{ tf}$$

通过计算在实际起重作业中需1.175 tf的拖力方能拖动。

例2：有一物体重25 tf，采用木拖板滚运，滚管采用ϕ108 mm的无缝厚壁钢管，在滚运过程中需经过一个10°的水泥斜坡，此时拖滚上坡的最大拖力为多大？

已知：$Q=25$ tf，$D=10.8$ cm，查表$\mu'=0.1$，$\mu''=0.08$，$K_{动}=1.1$，$K_{起}=2.5$，$a=10°$，$\tan a=0.176$，$\cos a=0.985$

求：$P_{拖力}$

解：
$$P=\left(\frac{\mu'+\mu''}{D}+\tan a\right)Q\cdot\sin a\cdot K_{动}\cdot K_{起}$$

$$P=\left(\frac{0.1+0.08}{10.8}+0.176\right)\times 25\times 0.985\times 1.1\times 2.5$$

$$P=0.193\times 25\times 0.985\times 1.1\times 2.5$$

$$P=13.07\text{ tf}$$

答：需13.07 tf的力才能将其拖上坡。

走板、托板、滚管的布置

采用托板、滚管(杠)拖移重物，进行运输，是起重作业中常用的一种方法。选用托板、滚管进行托移，运输物体，要视托移物的大小、形状、质量和方向来确定托板，滚管的规格和所需要配备的工具设备等。托板、滚管之间的间距由滚管根数决定。一般托板、滚管的布置如图4-13所示。下托板的连接形式如图4-14所示，决不能顶头铺设走板，以免滚管经过拼缝时造成滚管塌陷而无法滚动。

滚运操作时的注意事项

①使用的滚管必须直径长短一致、两头超出不超过150～250 mm，不宜过长。

②滚运时一般铺设下走板为妥，铺设时必须使用两根平行、平整，材质坚硬的下托板。下托板与下托板的接头应交叉错开，下托板的宽度与托移物的宽度相一致为宜。

③走板两头必须要有适当的坡口，便于垫放滚管，走板的宽度与下托板的宽度，在滚运

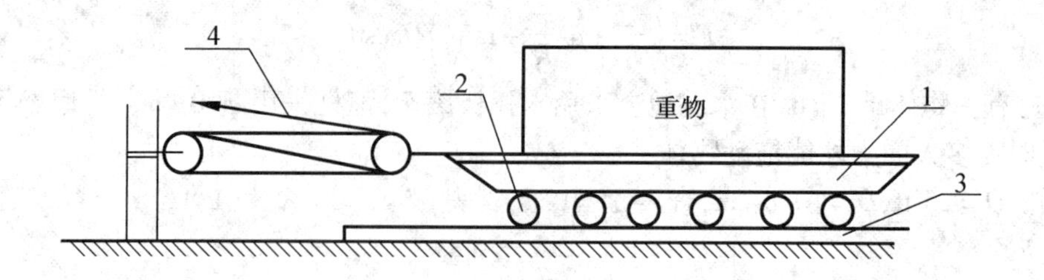

图 4-13　托板、滚管布置示意图

1—上托板(走板);2—滚管(滚杠);3—下走板;4—牵引滑轮组

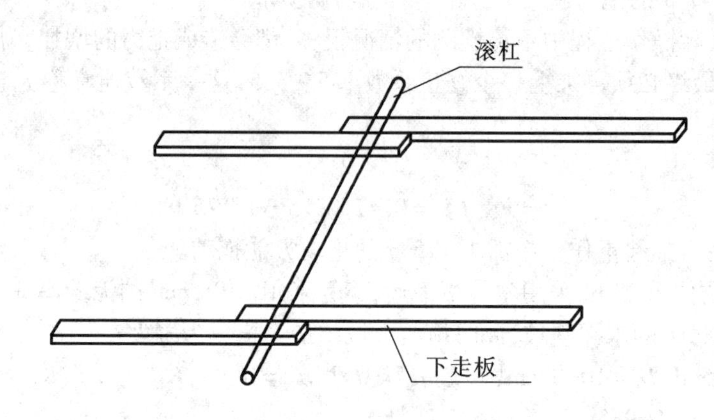

图 4-14　下走板连接示意图

时要保持一致,发现错偏应及时纠正。

④当滚运物需转弯时,滚管必须成扇形面,如图 4-15 所示。

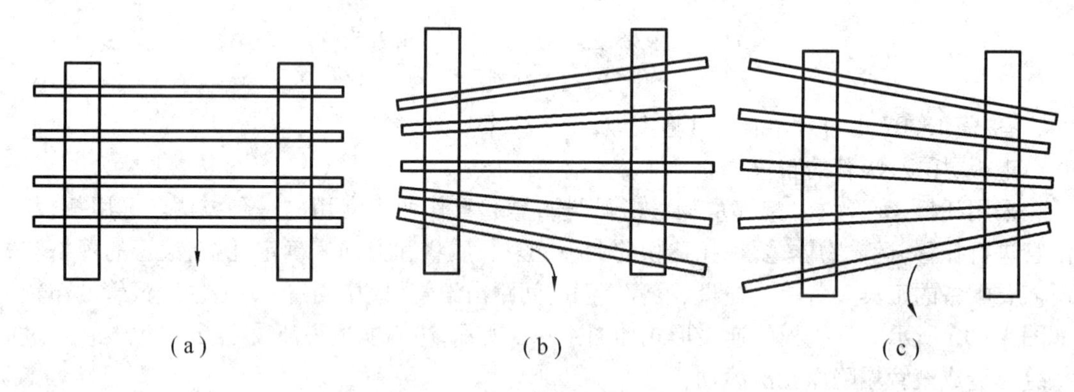

图 4-15　滚运转弯时滚杠示意图

⑤发现滚管不正时,可敲击纠正。

⑥垫放滚管时,必须将滚管头放整齐,同时将四个手指头伸在管内,决不能采用一把抓的形式垫放滚杠,以防手指压伤。

⑦托板、滚杠用好后，应妥善地收管好，不得乱扔，同时严禁将托板当作跳板或脚手板用。

⑧滚运操作时应专人指挥步调一致，不可盲目操作。

九、转的操作方法

转在起重作业中，就是将物就地转动一个角度，在中小型设备起重搬运过程中，有时要将设备就地转动 90°，45°和 180°等，特别是超重、超长设备要做到转任何一个角度都是不容易的，在没有大型机具的条件下，一般是靠一个临时转盘来转设备的，其步骤如下。

1. 用千斤顶顶起设备，在设备重心处搭设一道木垛，其底面积的大小应估算出，使它能承受设备的全重，及转动时稳定性，不至于偏斜。

2. 在道木垛上叠放三块厚度为 10 mm 以上的钢板（表面必须平整），中间一块是圆形的，比上下二块略小一些，在三块钢板的接触上涂上牛油（润滑脂）。

3. 上述工序完成以后，将设备落在转盘上。

4. 采用力臂的形式使力，推动工件的两端即可将工件转至所需的角度。

5. 在转动时应密切注意设备在木垛、转盘上受力情况，不得盲目、侥幸操作。

6. 操作时必须专人指挥，步骤一致。

十、卷的操作方法

卷在起重作业中的作业对象主要是一些长条形或长圆形的物体，在陡坡下或洼地里，需往上或者往下移动，一般可用卷的方法，如图 4－16 所示。长圆形物体如需搬运上坡时，先在长形物体的两端，用绳索圈绕在物体上，一端固定在锚桩上，拉动另一端，物体就能顺着坡

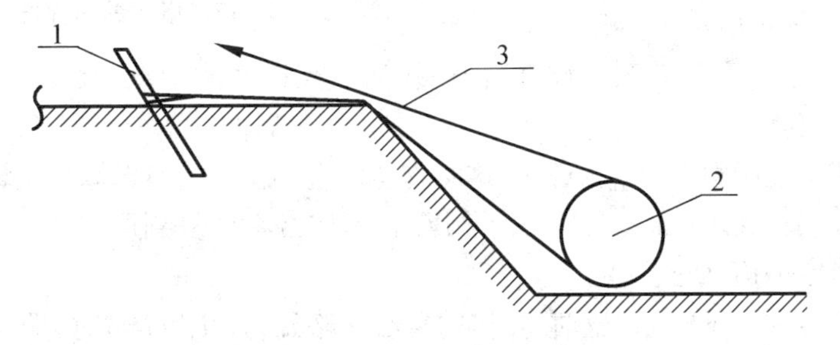

图 4－16　用卷的方法搬运长管道示意图

1—地锚；2—管道；3—拉绳

道向上移动，此时绳索的始终托住物体，物体又沿着拉动的绳索往上转动。这一操作方法要比硬拉省力的多，如把物体从陡坡口往下放，就可以利用物体的自重，将拉绳往下松即可。这一操作方法，在地下铺设各种管道时最常用。

在采用卷这一操作方法时，必须注意以下几个方面。

1. 绳索固定的锚桩必须安全牢靠。

2. 绳索套在物体两端的距离必须相等，绳索离端面不得小于 1 m。

3. 在操作过程中两端的绳索使力要均等，以防物体倾斜滑脱，酿成事故。

十一、浮的操作方法

浮的操作方法，主要是利用水对物体的浮力的原理（阿基米德定律），进行水上和水下的起重作业。

利用水的浮力架设桥梁，如上海吴淞路大桥的桥梁安装，再如利用浮桶对沉船进行水下打捞等。这一些具体的操作方法和程序，在高级起重工艺中再详尽阐述。

第四节　吊点的选择与物体的捆扎

一、物体的四种平衡与不平衡状态

在起重作业中吊运物体，设置吊点、对物体进行翻身、以及物体到位后摆放等与物体的平衡状态密切相关，有时直接关系到作业的成败。

如图 4－17 所示，我们将一块墩木以立放和平放两种方式放在地面上，我们大家一看就知道，平放着的墩木比立放着的墩木稳定，其主要原因是平放着的墩木重心位置低，支撑面积大，为此可以这样说物体重心越低，支撑面越大，物体所处的状态越稳定。

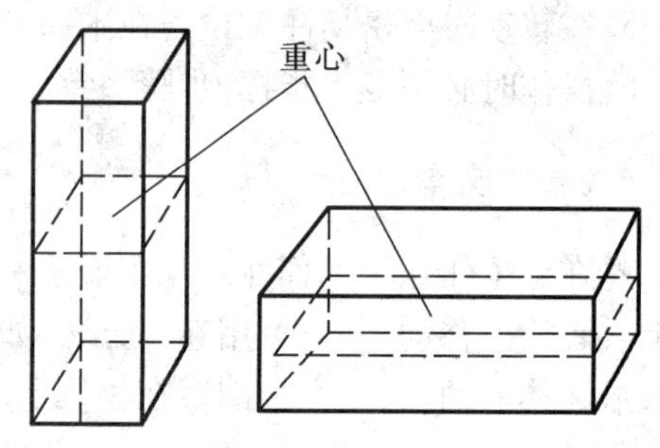

图 4－17　墩木的两种稳定平衡状况

为此对一个物体而言，平衡、不平衡有如下四个状态，如图 4－18 所示。

1. 物体处在（a）状态位置时，重心的作用线通过支撑面的中点，且支撑面最大，物体的这种状态叫做稳定状态。

2. 如果物体稍微倾斜于（b）状态时，这时物体的重心位置略有升高（$H_2>H_1$），但此时的物体重心作用线仍在支撑面内，在外力消除以后，物体必将回复到原来的（a）位置。物体的这种状态叫做稳定平衡状态。

3. 继续使物体倾斜于（c）位置时，物体的重心又略升高（$H_3>H_2$）时，重心作用线通过支撑点，从理论上讲，外力消除后，物体将静止于此位置上，但略有震动，物体就有可能倾覆，此种状态叫物体的不稳定状态。

这种状态，常见于船厂起重作业中的船体分段着地翻身过程中，分段吊起后着地后，就要处于此状态，以便外力稍加推动，即可顺利、安全地使分段倒向相反方向。

4. 再稍加外力使物体继续倾斜于（d）位置时，此时重心作用线已超过支撑面作用之外，物体的这种状态叫倾覆状态。

以上四种平衡与不平衡状态，通过同一物体不同状态的放置比较，就能让我们认识到物体的平衡稳定取决于物体的重心高低位置。为此在起重作业过程中，操作方法的选择、吊点的定位，必须首先确定其重心位置，简单形状物体重心的确定，可参阅第一章第五节。

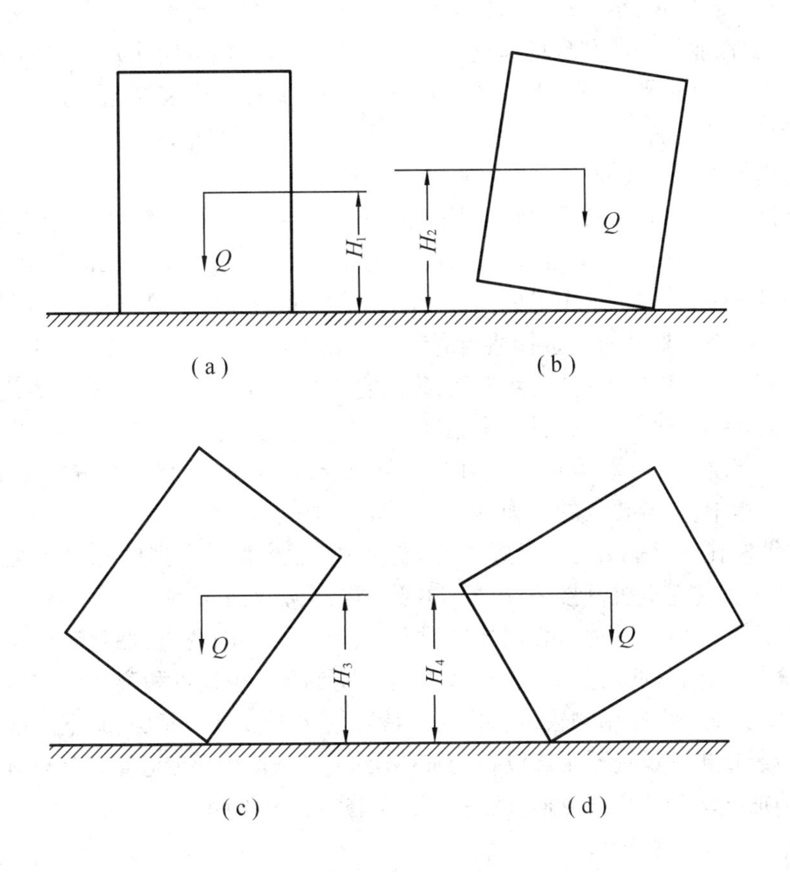

图 4－18　物体的四种平衡与不平衡状态

二、物体的捆扎

起重作业本身就具有它的复杂性，在施工方法的选择上，有时又具有一定的灵活性。起重作业面对的是各种形态不一的物体，它的工作目的和要求时常是强制而又特殊的。例如只能平吊的物体你就不可能斜吊，物体从门进不去，就只能从窗进去等，这就是它的强制性和特殊性。

随着社会的发展，起重安装已成为工业生产过程中不可缺少的组成部分，为了每项起重作业的顺利进行，为了保证设备在吊装过程中的安全可靠，在进行设备或构件的起重运输吊装作业前，首先要了解设备或构件的质量、几何尺寸、外型特点，物体或构件的重心位置，以及它们的精密程度、特殊技术要求和工作环境等等。根据掌握的第一手资料，结合现场所拥有的条件和起重机械，选择合理可行、经济省力的最佳起重吊装方法。

在起重作业过程中，确定一个良好的操作方法或方案，必须要有一个正确合理的物体捆扎方法来配合，捆扎技术的好坏，是关系到起重作业能否顺利完成的关键，甚至关系到整个起重作业的成败。在起重作业中捆扎物体的方法很多，究竟哪种方法是合理的、正确的，还必须因地制宜，灵活选择。

1. 圆柱形物体的捆扎方法

圆柱形物体在工业生产中是最常见的，在船舶建造过程中的艉轴、中间轴、主机的曲轴等，不但质量大，长度长，精度高，而且都具有一定的特殊吊装要求。要完成这些起重吊装工作，首先要了解作业的环境和现场起重机械的性能，然后再拟定捆扎方案，确定吊点，捆扎方法一般为两种，一种是平行吊装捆扎法，另一种为垂直式倾斜吊装捆扎法。

①平行吊装捆扎法

圆柱形物体平行吊装捆扎方法大体上有两种。

一种是设置一个吊点，选择这种捆扎方法一般吊装环境较理想，吊装点周围无其他设备和物件影响，视线也好。在捆扎前应找准物件的重心，以保证物体起吊时能处于水平状态。在找准重心过程中，一般来讲不可能一次重心就能找准，必须进过几次试吊，逐步调正吊点，方能达到水平状态。捆扎时应选择适当的钢丝绳和卸扣的形状和规格。通常用于捆扎的钢丝绳选择 6×37+1（非金属芯）规格为佳，确定它的直径，按物体质量，根据捆扎的道数来确定。捆扎用的卸扣一般选用马蹄形（胖肚形）卸扣为佳，捆扎时，通常卸扣的横销朝下。钢丝绳在卸扣内穿绕 5~7 圈（空圈不计在内），可吊 3~5 t 重物，10 t 左右需穿绕 8~10 圈。在穿绕捆扎过程中，空圈要放的正确，起到固定吊点的作用。

采用这种捆扎一点平吊有三个好处：①能使物件很方便顺利到位；②如果物体进入舱内或车间内，便于其他起重机械接替、吊驳；③便于操作，有利于安装。

其次是设两个吊点，这种吊装捆扎吊的方法，是在物件的两头，捆扎时根据实际工作需要，再决定捆扎位置，其两吊点的开挡可大可小（只要不影响设备和安装就位），这种捆扎方法在吊大中型艉轴进出舱用的较多。再则在特殊情况下，厂房、库房、舱室内起重设备负荷量较小，一台起重机械承受不了该设备的整体质量，必须使用两台起重机抬杠才能实现作业的完成，具体捆扎法和一个吊点捆扎法相同。如图 4-19、图 4-20 所示。

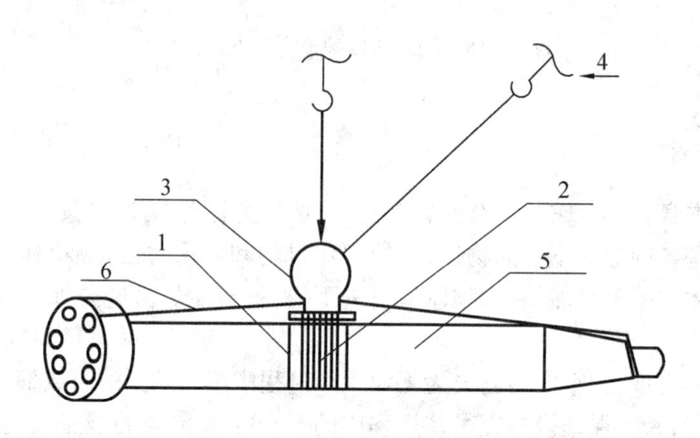

图 4-19 一点捆扎吊装法

1—捆扎空圈；2—穿绕钢丝绳；3—吊点卸克；4—接驳吊机；5—艉轴；6—固定绳索

②垂直或倾斜捆扎吊装法

垂直或倾斜捆扎吊装法，多用于需安装的设备或构件外形尺寸较长、出入口较小，为了满足作业的需要，使设备或构件能够顺利的出入，其捆扎点多为一点捆扎（有时作业需要捆扎两点的也有）。在捆扎时同样按规范选择适当的钢丝绳和卸扣等索具和工具，捆扎于设备的端头，捆扎的圈数和钢丝绳的直径应根据构件的质量而定。捆扎时，必须在卸扣的两边放置一道空圈，空圈的目的和作用是当构件吊起后，钢丝绳受力时空圈会死死地抱住物件，

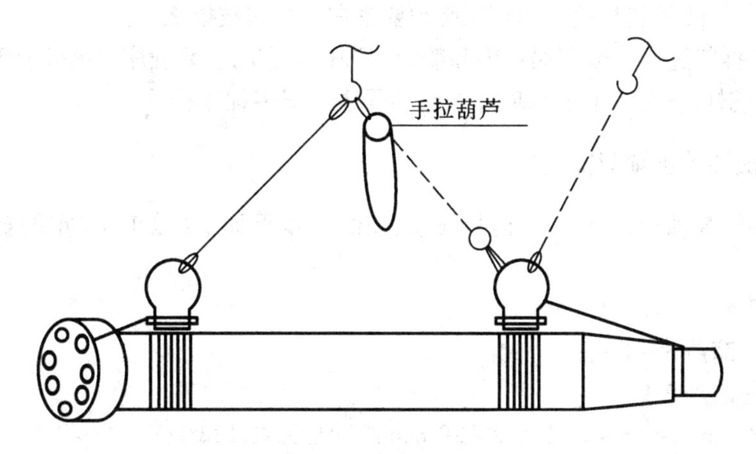

图 4－20　两点捆扎吊装法

使捆扎的吊点不会移动，这种捆扎吊装方法简单、省力、方便，是起重作业经常采用的一种捆扎吊装方法，在船厂修造船过程中的各种轴类的吊装尤其如此。同时必须注意的是，在捆扎过程中的钢丝绳收头打结必须正确，通常用扣结（卸扣的一边打半只扣结，另一边打一个扣结）收头，能后用小绳子（巴扎绳）将绳头扎牢，防止起吊过程中绳结松脱产生事故。

2. 方形物体的捆扎方法

方形物体包括长方形物体，其捆扎的方法较多，通常采用八字捆扎的形式，即对角穿绕，究竟哪种方法好，还得看作业的类型方法、环境、被吊物的质量、结构状况、现场起重机械的能量和具体条件，因地制宜，一般捆扎一点为多数。捆扎时应检查物体的内部强度情况，是否会产生变形，以及设备上的附件是否有影响等，钢丝绳的捆扎道数和钢丝绳的选择，同样按被捆物件的质量而定。在捆扎的过程中，每捆扎一道都必须拉紧，不能出现一根松一根紧，钢丝绳同样需排列整齐。收头同样采用扣结（双十字结）打牢，绳头最少应留 0.2 m 左右并用细绳扎牢。

3. 捆扎时的注意事项

①捆扎用钢丝绳和卸扣要选用适当，尤其是钢丝绳的选用，其安全系数必须达到 10 倍。

②捆扎时轴的光洁面及构件的锐角快口，必须加衬垫物，防止快口割断钢丝绳及轴的表面遭到损伤。

③捆扎后起吊时，应认真检查钢丝绳的受力情况，如有不妥之处要加以纠正，使捆扎的每道钢丝绳能均衡受力。

④捆扎物体时，物体的重心必须确定正确，以保障物体悬空移动的稳定性。

⑤对于吊装细长的构件式轴类，捆扎时应采取特定的措施以防结构变形。

⑥在进行捆扎前，应对选用的钢丝绳、卸扣等进行严格检查，如有问题不得使用。

第五节　小型船只轴、舵系的吊装方法

轴、舵系的拆与装是船厂承接修造船过程中的重要项目，它的进度快慢和质量好坏，直接关系到船只的完工周期和项目质量，起重作业在该项目中，对周期和质量起到举足轻重的

作用，为此轴舵系的吊装是船厂起重工必须要掌握的操作技能之一。

轴舵系的拆装过程一般在船坞内和船台上进行。它的安装程序是内外艉轴管、艉轴、桨叶（螺旋桨）、舵杆、舵叶；如果拆卸，那么它的程序与安装程序相反。

一、小型船舶的艉轴管安装

小型船舶的艉轴管，一般由里向外安装，安装的步骤如下（以 1.5 t 重的艉轴管由里向外安装为例）。

1. 工具配备

①2 t 手拉葫芦 3～4 只；

②1 t 后拉葫芦 2 只；

③16～18 mm 卸扣 8～10 只，18～20 mm 胖肚形卸扣 122 只；

④ϕ10～12 mm，单头长钢丝绳一根（实际长度根据轴管的周长及需捆扎的道数确定）；

⑤ϕ12～14 mm 长 2 m 的短钢以绳若干根；

⑥ϕ16 mm 长 3～4 m 的白棕绳 2～3 根；

⑦重 0.5 t 的撞山针一只等其他一些小工具。

2. 排场

首先在艉轴弄内，艉轴孔的垂直上方，离壁 200 mm 左右为起点，向前每隔 1.5 m 左右设置吊点，同时分别挂上 2 t 手拉葫芦，或者由前向后挂，等轴管吊进后进行吊驳。

3. 艉轴管吊进舱准备及安装步骤

①首先，由下道工序工种（钳工）进行测量，在测量数据由有关质检部门验收后，将艉轴管运至船台或船坞，此时根据艉轴管的长度，确定捆扎一点起吊还是二点。

②捆扎时必须参照图 4－18 和 4－19，按规范进行。具体捆扎法见第四节圆柱体捆扎可参照。在此不作细化展开。

③捆扎妥当后，经检查无误将轴管吊起并找准水平状态，做好一切吊点防滑措施，同时在轴管的两端用 ϕ16 mm 白棕绳系好，作拉纤绳，以便调整轴管在悬空中的位置。

4. 将轴管按照安装方向吊进机舱轴弄口，根据需要将轴管缓慢地降至一定的高度，前面一只 2 t 手拉葫芦，钩头钩在吊点卸扣内，手拉葫芦与吊车相互配合，将轴管接驳进来，然后分别用第二只和第三只手拉葫芦，逐步将轴管接驳至轴孔口。

（注：如果是二点捆扎时，必须先解除吊钩上的一只手拉葫后，再进行接驳。）

5. 轴管进轴孔前，必须先由下道工序（钳工）做好清洁工作后方能将轴管塞进轴孔。在塞的过程中，必须以慢为主，如左右有偏差可以用 1 t 手拉葫芦左右调节，直至轴管塞不进为止。

6. 此时钳工可用长螺杆和液压工具将轴管压紧到位。如无此液压工具时，用撞山针进行冲击撞紧到位。

7. 轴管压紧到位后，清理工具。

二、小型船舶艉轴安装

船舶艉轴总体上有两种，一种死考别零艉轴，该种艉轴全部由内（轴弄）向外安装；另一种为活络考别零，该种艉轴一种为实芯体，另一种为空芯体，空芯体艉轴的螺旋紧，属于可变桨（可调桨），即桨叶可以调节，如雪龙号高速集装箱船的轴都是空芯轴，桨叶可调节，在安装时该种轴向外向里安装。

小型船舶的艉轴通常由外向里安装，其安装的步骤如下。（以2.5 t重长8 m的艉轴，由外向里装为例。）

1. 工具配备

①3 t手拉葫芦3 ~4只；

②1 t手拉葫芦22只；

③ϕ20 ~24 mm卸扣8 ~10只；

④ϕ24 ~26 mm胖肚形卸扣1只；

⑤ϕ11 mm单头长钢绳1根(具体长度根据轴的周长乘8,吊点卸扣内捆5道)；

⑥ϕ12 ~14 mm长2 m的短千斤钢丝绳若干根；

⑦ϕ16 mm长4 ~5 m的白棕绳3根；

⑧包扎材料与小绳子若干根块；

⑨3 ~5 t吊环7 ~8只。

2. 工具排场

艉轴拆装工具排场，以船的艉龙筋，采用纵向－直线排场法。

①在船的艉部，高低离轴孔1 m左右，纵向搭设脚手平台，脚手平台的大小根据各船的艉部情况而定，但搭设的脚手平台必须便于施工操作，符合安全规范。脚手平台的搭设形式，可以采用钢管夹头搭设，也可以采用花架(铁架子)串板搭设等。

②在轴孔的垂直中心线上方为起点，以1.5 m ~2 m的间距向后焊妥吊环，同时分别挂上3 t手拉葫芦。

③在轴孔的中心点，水平方向向前约一米左右对称的船舷上同样焊妥吊环。

④由检测部门对艉轴检测合格认可后，运至船台或船坞的指定点，卸车并且用木楞头将轴和两头搁住，离地。

⑤根据轴的长度和船艉部的情况和特殊吊装要求，确定在轴上捆扎一个吊点还是两个吊点。捆扎吊点时，首先应在捆扎点上用帆布或者薄型橡皮在轴上至少包扎两层后，方可捆扎吊点。吊点的捆扎方法和形式，可参阅本书第四章第四节，圆柱形物体的捆扎方法。形式如图4－19、图4－20所示。

3. 吊装步骤

①利用船台式船坞边的吊机将艉轴吊起，在确定吊点无误的情况下，用ϕ16 mm的白棕绳两根分别在轴的两端系上拉杆绳，以便调整轴在空间运作的位置。

②将艉轴按照安装的方向，吊至船的尾部，以船尾的第一个3 t手拉葫芦，将艉轴接住，在与吊车的配合下将艉轴接驳进来，解除吊车(轴在重心一点捆扎时)，然后由后向前用预先挂妥的3 t手拉葫芦将艉轴缓慢地向前吊驳，直至艉轴的端面距离接近轴孔为止。

③在下道工序(钳工)做好清洁工作的基础下，将艉轴调整到与轴孔的中心位置，采用上述的方法，分别利用3 t手拉葫芦慢慢地将轴塞进轴孔里。

④当艉轴塞进一段距离后，机舱轴弄里必须有人察看轴的进档情况(培零档)，并且同时在轴洞口的垂直上方位置吊点(可利用安装轴管的吊环)挂上3 t手拉葫芦。当轴头露洞口后，在轴头上生置点吊，用3 t手拉葫芦将轴略微吊起。

⑤如此时轴进婆司挡(培零档)。艉部的3 t手拉葫芦所产生的水平拉力已小于进轴的阻力，此时可在轴孔左右船旁的吊环上分别挂上1 t手拉葫芦，在轴上固定吊点，二只1 t手

拉葫芦同步使力，以增大水平拉力的形式，将轴拉进婆司挡。

⑥轴到位后，做好一定的安全措施，以防轴向外溜出，同时清理好多余的工具。

图 4－21 为轴重心捆扎一点吊装法；图 4－22 为轴捆扎两点吊装法。

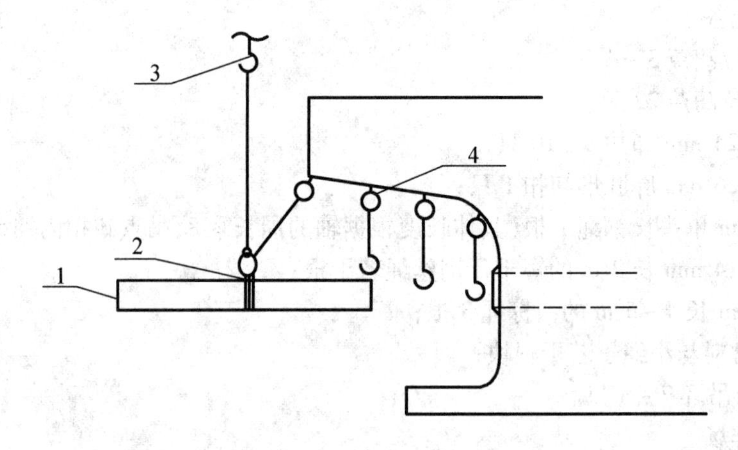

图 4－21 艉轴重心捆扎一点吊装示图

1—轴；2—重心吊点；3—吊车；4—手拉葫芦

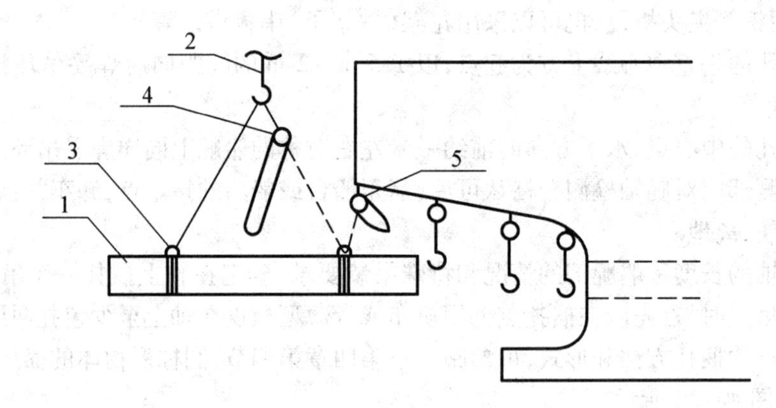

图 4－22 艉轴捆扎两点吊装示图

1—轴；2—吊车；3—吊点；4—调节千斤葫芦；5—手拉葫芦

三、小型船舶螺旋桨的吊装（以 1.5 t 重螺旋桨为例）

船舶的螺旋桨大体上分为两类：一类为桨叶可调式螺旋桨，另一类为可调螺旋桨，即普通性螺旋桨。根据桨叶的片数，又分为三片式、四片式、五片式等，通常为四片式。

正因为如此这两类的螺旋桨在安装上各有不同。可调式螺旋桨，有桨毂和桨叶两部分组成，安装时先安装桨毂，再对称地安装桨叶。普通螺旋桨是一体式的，用合金铜铸造而成。普通螺旋桨的安装步骤如下。

1. 工具配备

①2 t 手拉葫芦 2 只；

②1 t 手拉葫芦 2 只；

③φ11～13 mm 长 6～8 m 的单头钢丝绳一根；

④φ28～30 mm 元宝形卸扣一只；

⑤φ16 mm 长 3～4 m 的白棕绳两根；

⑥φ16～18 mm 的卸扣 5～6 只；

⑦1.5 t～2 t 的小吊环 2 只。

2. 工具排场

螺旋桨吊装过程中的工具排场，通常一般为横向－直线排场法，或单面－直线排场法，排场的方向按车叶的进出方向设定。

①在以艉轴中心为基点的情况下，向下略大于螺旋桨半径的高低位置，横向搭设脚手架式操作平台。

②以艉轴端面垂直中心线上方（艉龙筋）为点，向后 300 mm 左右（略大于 1/2 螺旋桨桨体的厚度），朝天固定吊环。再以此为点向左，或向右 1.5 m～2 m 的位置（螺旋桨吊进出的方向）用同样的方法朝天固定妥吊环。如单面船旁不宽，该吊环可以省略，同时挂好 2 t 手拉葫芦。

3. 吊装步骤

①用一根单头长钢丝绳及一只直肚型卸扣，在螺旋桨、键槽的上方、两片桨叶中间纵向放置一只 φ18 mm 的直肚形卸扣，弯环朝上、销柄朝外（船艉向），采用八字捆扎法，将卸扣固定在螺旋桨上，然后再将一只元宝形卸扣销子朝下放置。

②用吊车上的千斤卸扣与元宝形卸扣连接（注：吊车千斤卸扣必须横销朝上，将螺旋桨安全规范垂直吊起，吊起的螺旋桨必须端面垂直，如不垂直必须加以调整。

③在检查无误的情况下，系妥拉杆绳，将螺旋桨安全平稳地吊至船尾的一旁，用船边上的手拉葫芦接住，解脱吊车，再用船中的手拉葫芦将螺旋桨接驳至船中，拉高对中艉轴。

④此时，由下道工序（钳工）做好清洁工作，检查轴上的键销与桨体上的键槽是否一致，如有偏差可采用微转艉轴的方法，直至键销与键槽相一致。

⑤可在艉轴端面前上方艉龙筋上设置吊点，挂上葫芦，也可利用安装艉轴时的轴管，左右两旁的水平吊环，分别挂上 1 t 手拉葫芦，将螺旋桨向前拉，直止螺旋桨套进艉轴。

⑥待钳工将螺母装复后，拆除所有起重工具，并收藏好。

四、小型船舶舵轴的吊装（以 1 t 重的舵轴为例）

舵轴的形式有两种：一种为直轴型，另一种为斜直柄型（扫帚柄型）。从吊装形式上有两种，一种为从下向上吊，另一种为从上向下吊，如扫帚柄型和平面连接型等都从下向上吊。在此将从下向上吊为例。如图 4－23 舵杆吊装法。

1. 工具配备

①2 t 手拉葫芦 2 只；

②φ13 mm 长 4 m 的钢丝绳 1 副；

③φ18～20 mm 的元宝形卸扣 1 只；

④φ12 mm 短千斤钢丝绳 2 根；

⑤φ14～16 mm 卸扣 4 只；

⑥能承受 1.5 t 的木方，或工字钢 1 根；

⑦φ16 mm 3～4 m 的白棕绳 1 根；

⑧2 t 的吊环 1 只。

2. 工具排场

①在舵轴管下方向前,不妨碍吊轴的位置搭设脚手架,或用小花架(铁架)串板均可。

②在舵轴孔向后约 300 ~ 500 mm 位置,固定妥吊环,并挂好手拉葫芦。

③在艉甲板舵轴杆吊装工艺孔上方搭二根木方或工字钢,并在下面安置好吊点,挂好 2 t 手拉葫芦,如采用 6 m 长链条最佳。

④将检验合格的舵杆运至吊装点,卸车搁好,并在舵杆由上朝 1/3 处用帆布包扎好。

⑤利用 ϕ13 mm 长 4 m 的钢丝绳捆扎吊点,并系上元宝形卸扣。

⑥在舵杆的上端面固定妥吊环螺钉。

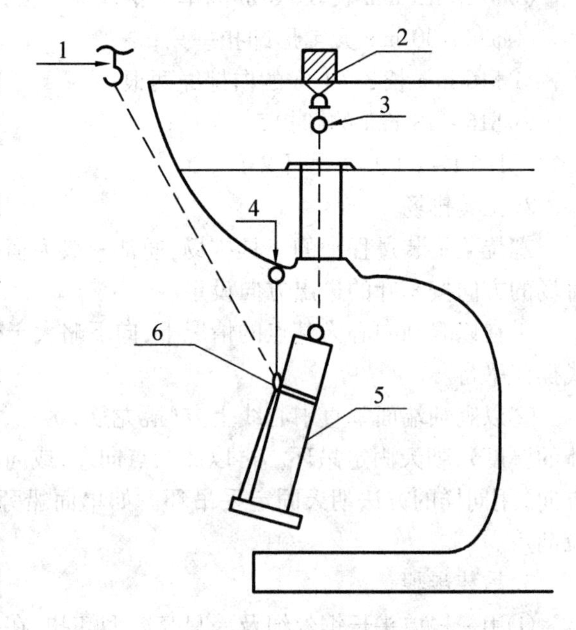

图 4 – 23　小型舵杆吊装法

1—吊车;2—木方;3、4—手拉葫芦;5—舵轴;6—捆扎吊点

3. 吊装步骤

①利用吊机将舵杆倾斜吊起,并在其下部系好拉杆绳,吊到船的尾部。

②将艉部的手拉葫芦钩在吊点卸扣内,将舵杆接进解除吊车。

③将舵杆孔里葫芦钩子松下,与舵杆顶部的吊环螺钉连接。

④在上下手拉葫芦协调操作下,使舵杆垂直于舵孔下,解除艉部手拉葫芦,拆除吊点。

⑤待下道工种(钳工)做好清洁工作后,利用手拉葫芦将舵杆拉上,直至到位,整个操作过程以慢为宜。

⑥等钳工装复固定后方能拆除起重工具。

五、小型船只的舵的吊装(以 3 t 重的舵为例)

舵也是船的方向盘,按其形式有吊式方向舵和铰链式方向舵以及吊和铰链相结合的方向舵等形式。例如图 4 – 22 属于上下轴销铰链式。

通常舵叶的吊装以横向吊为主,也就是从船后的左面或右面吊进吊出,所以在吊装工具排场(布置)上的舵杆中心为基点,横向左右等距离排场法。

1. 工具配备

①3 t 手拉葫芦 2 只;

②3 t 吊环 4 只;

③2 t 吊环 4 只;

④22 ~ 24 mm 卸扣 4 只;

⑤18 ~ 20 mm 卸扣 4 只;

⑥ϕ16 mm 白棕绳 2 根;

⑦2 t 手拉葫芦 2 只及 1 t 手拉葫芦 1 只;

⑧φ13 ~ 15 mm 长约 2 m 的钢丝绳 2 ~ 3 根。

2. 工具排场布置

①利用花架(铁架子)或搭设钢管脚手架,以固定吊环用。

②以舵轴中心线为基准,左右、上下对称在船旁,离舵轴 500 ~ 700 mm 左右,各固定吊环 1 只。

③同时根据舵叶上的舵孔前后尺寸再略放大 100 mm 左右,到艉部纵向位置,同样固定妥吊环并挂好 2 t 手拉葫芦。

④拆除原有的脚手架,清理一切障碍物。

⑤在舵叶上,以舵孔向前切线为准,在舵叶上平面向下 1/3 处为交点,左右对地焊接吊环并系上卸扣,同时在舵叶的纵向前后,同样的高度分别焊接妥小吊环,系上卸扣。

3. 吊装步骤

①利用吊机,按吊进艉部的方向,与舵叶上吊环连接,系上拉杆绳,倾斜的吊至船旁的舵叶进出面。

②将舵叶降至一定的高度,用就近一侧的 3 t 手拉葫芦钩住与吊车配合至同高后,解除吊车。

③将另一面的 3 t 手拉葫芦,钩上舵叶的另一面,形成抬吊之势,使舵叶垂直悬空。

④在舵叶的两侧搭好脚手平台。

⑤两侧 3 t 手拉葫芦再同时拉高,如此时舵叶有前后倾斜时,可利用预先准备妥的前后两只 2 t 手拉葫芦进行调节,直至舵叶上的连接平面与舵杆的连接面相吻合。

⑥由下道工序(钳工)进行螺栓连接,安放舵叶下部的固定短轴。

⑦在安全无误的情况,拆除起重工具并收藏好。

以上五个方面的安装在船厂被称为轴舵系工程,通过上述一项项的介绍,只能讲是粗略的,在实际安装过程中,因工作地点的不同,以及起重设施、船只的艉部状况差异,在操作方法上,要因地制宜,略作些变化。

同时必须说明在以上五个方面仅讲述了吊装方法和程序,如在拆卸时,施工方法同上,施工的程序相反。

第六节　分段的种类,翻身及吊运

随着造船工业的发展,造船的模式和工艺,已今非昔比。高科技、新技术在建造船舶过程中的推广应用,使我国的造船工业如虎添翼,蒸蒸日上。各类的大型船舶的成功建造,高新产品的船只研发成功,标志着我国综合技术能力不断地壮大和提高。

作为船厂的起重作业人员,必须紧跟着造船工业发展步伐,迎合新技术的发展。

在造船过程中,模块式,积木式等模式,取代了以往"框架"式造船。如船体建造过程中,目前以分段组合吊至船台或船坞以搭积木形式进行分段拼装,一改以往的在船台或船坞内先打造船内龙骨、筋骨,再附船旁等形式,使得整个造船周期大大缩短。

同时整个船体制造过程中又分为小合拢、中合拢和大合拢,以及分段上船台拼装前的涂装作业,在这些过程中,各种类型的分段频繁的吊运翻身,运输、组合,对起重作业而言。不但要提高起重技艺,同时还得掌握和了解每种船舶的分段组合和各种分段结构情况,使之在翻身、吊运过程中的不损坏,不变形。船舶在建造过程中的船体部分,主要有以下几种分段,同时介绍一下在吊运过程中必须要掌握的各个特点和要求。

一、船体结构的主要分段和吊运时的特点

1. 底部分段

底部分段,亦称船底分段,结构比较坚固,形状也比较规则,翻身吊运时通常不需加强,临时堆放时可以重叠。

2. 舷部分段(舷旁分段)

舷部分段,面积一般较大,通常下胎架前就必须加强,防止吊运、翻身时变形,在场地紧缺时可以重叠堆放,但必须用墩木垫好,防止变形。

3. 甲板分段

甲板分段一般面积大,在下胎架或吊运前,可根据分段的情况和舱口大小决定加强,在翻身吊运时可采用腾空和着地翻身,在重叠堆放时,必须采取措施防止变形。

4. 半立体分段

半立体分段,呈开口箱形,分段内部结构较为复杂,横向刚度较差,在中合拢完工后,就必须加强,吊运前必须认真检查其结构强度,特别是吊点的设置更要注意,在翻身时必须腾空翻身,防止变形。

5. 上层建筑分段

上层建筑分段,其特点是体积大,薄板结构,刚性差,翻身吊运很容易变形,为此下胎架前必须加强,特别是吊点处的加强。

6. 艏艉分段

艏艉分段,形状复杂,分段的重心难以掌握,翻身难度较大,通常采用腾空翻身,在堆放过程中可能重叠。

二、分段的翻身和吊运

分段在翻身和吊运前,必须了解和掌握分段的质量、重心位置、内部的结构情况,以及吊环布置的位置和吊环的焊接质量,决不能盲目操作。通常对分段翻身吊运前的准备工作要做以下几点。

1. 将需要翻身和吊运的分段,应根据受力点的情况,作必要的临时性加强,加强材料的布置,应根据各分段的形状、结构特点及翻身的方向而定。

2. 掌握了解段的质量(包括加强材料和预装件)和所采用的起重机械的许可载荷。

3. 根据所选用的起重设备许可能力,起升高度和分段的质量、形状和外形尺寸,确定分段翻身和吊运的方法。

4. 根据掌握的分段质量和翻身要求及吊运方法,合理选用吊环的类型和规格,确定吊环的数量及其安装位置。

5. 根据分段的质量和翻身要求及吊运方法,确定钢丝绳和卸扣的数量及规格。

6. 根据分段翻身的方法,确定是否需要辅助装置,如着地翻身中的滚翻装置等。

7. 对大型和形状复杂的分段,翻身、吊运应预先制定必要的操作方法和规程,并预先正确估算掌握分段的重心位置。

三、船体分段翻身和吊运时的注意事项

1. 分段起吊前,应检查分段外板与胎架、平台间的连接焊点等是否已全部拆除,并同时检查吊环的焊接是否牢靠(特别是包头处),吊环处的船体结构是否有足够的强度。

2. 单机起吊分段前,先在分段上系上 1 ~2 根拉杆绳索,便于操作人员在吊运过程中控制,调整分段在空中的方向和位置。

3. 分段起吊前,在钢丝绳和钢板的边缘缺口接触部位应垫以木方、半圆钢管或其他保护措施,以免钢丝绳在分段的重力作用下被磨损或者割断,同时,与钢丝绳接触的钢板自由边缘应作有效的加强,以免反卷变形。

4. 分断起吊时,应先吊离胎架式平台 100 mm 左右时,观察索具吊环的安全状况是否可靠,然后再正式起吊。

5. 分段翻身在选用着地翻身时,起重机应向翻身的一面酌情移动,以免分段与地面接触处产生滑移现象。

6. 分段选用腾空翻身时,无论采用两吊车翻,还是采用一台吊车大小钩翻,吊钩钢丝绳的收紧和放松的速度必须平稳均匀,严防在翻身时产生冲击现象。

7. 翻身后的分段应平稳地搁在墩木上。对形状复杂,刚性较差的平面分段,搁置时应使其受力均匀,以防分段局部凹陷、变形。

四、物体的着地翻身与腾空翻身的选择

起重作业中对物体进行翻身吊运,是最常见和普遍操作方法,如上一章节我们讲了在分段制作过程中的翻身吊运。

但面对一个物体需要翻身时,到底是采取腾空翻身还是着地翻身?在选择上决不能盲目,这样就有可能造成被翻身物体的损坏,或者起重机械的损坏。

在选择上通常依据以下几点,在物体翻身时可对照选用。

1. 着地翻身的物体本体比较坚固,不可能在翻身过程中损坏、变形。

2. 腾空翻身的物体一般是比较精密,或者物体刚性差,在着地翻身时容易损坏,或产生弯曲变形。

3. 受起重机额定起重量的限制,物体在腾空翻身时超过负荷,采用着地翻身能避免起重机械的超载。

第七节　应 用 试 题

1. 起重作业的范围主要指哪些方面?

2. 什么是起重作业的“四要素”?

3. 最常见的起重作业方法有哪几种?

4. 双车抬吊物体过程中必须严格执行哪几方面要求?

5. 滚运操作时应注意哪些事项?

6. 用于捆扎钢丝绳,其安全系数是几倍,为什么?

7. 着地翻身与腾空翻身对物体有何关系?

第五章　船台与船坞

船台和船坞是船厂的重要设施之一，也是船厂修造船过程中不可缺少的重要一环，同时船台和船坞的大小能充分体现修造船的能力。就目前而言，我国已有数家船厂拥有30万吨，甚至30万吨以上的船坞，充分展示了我国的修造船能力。这样的大型船坞的拥有为我国修造船工业的发展奠定了基础。

第一节　船　　台

船台是船厂修造船的主要设施之一，目前国内10万吨级左右的船舶，仍多数在船台上建造，因为建造船台和建造船坞相比，经济上的投入相差很大，可谓投资少见效快，按船舶从船台上下水方向方式又分为纵向和横向船台。

船台，是船纵向滑行下水的主要设备。从力学上考虑，我们都知道置于斜面上的物体，有向下滑动的力，这个力的大小，除了和物体的自重、接触面的摩擦系数有关之外，还和斜面的坡度有关，有关这方面的基础知识可参阅本书，前面第四章第三节中的滑的操作方法章节也有介绍。这样就不难理解，在其他条件相同的情况下，坡度越大，下滑力也越大。所以船台都是建成与水平线有一定夹角的斜坡，这一坡度值一般为1/15～1/24之间。船台的坡度是船台主要性能指标之一。

船台的长和宽和所建船舶要求有关。通常讲，船台建成以后，基本上就确定了该厂的造船能力和所建造的代表船型，这也是它的性能指标之一。同时也确定船舶下水的形式。

与船台配套的设备，是衡量一个船厂生产能力的主要内容。其中涉及到车间布置，起重设备能力安排，风、水、电、供气（氧乙炔）布置，和生产工序的综合考虑等。这里，仅介绍和船舶下水有关的设备。

一、滑道

滑道是船台用于承载下水船舶的，也是船舶下水过程中使用的轨道，是船台主要配套构筑物。船台基本上都设有固定的水泥滑道，滑道的上表面装有150～200 mm的硬木方，作为和滑板滑动接触部分。利用滑道下水，是造船业中出现最早，沿用最久的下水方式，也是一种最基本的下水方式，这种下水滑道，对船舶下水质量和船型的适应性都很强，而且工艺设备简单、维修方便，建造过程中的投资也较少。但其下水操作工艺较复杂，同时，在下水过程中会产生很大的前支架压力，下水滑道较长，要求水域宽度一般不小于三倍的船长。如图5－1船舶利用滑道下水简图。

二、溜放地锚

有的船台由于下水水域较窄，船舶下水时，在船台上还设有一定数量的止滑锚链，止滑锚链的总根布置在船台上，一般称为溜放地锚或锚桩。

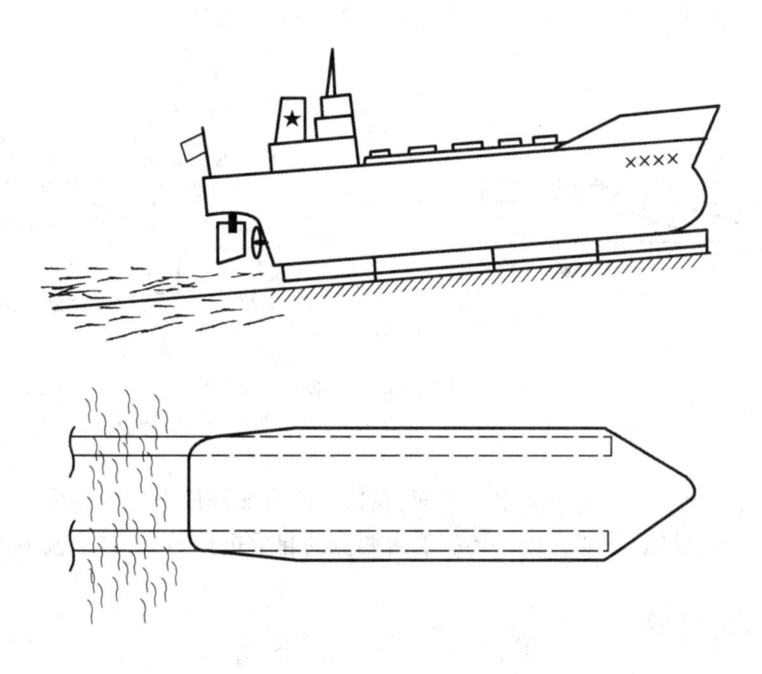

图 5-1　船舶利用滑道下水简图

三、船台固定预埋件、拉环

因船台上造船过程中的需要而设置的拉环，一般布置 4 排，间隔距离 8～10 m 左右，拉环的抗拉能力一般为 5 tf、10 tf 等。这些拉环布置形式一般低于船台面，在设置的凹坑内，这是为了保护拉环和便于船台使用。

在船台上除了布置拉环外，船台上还设置有一定数量的预埋件，这主要用作固定活动滑道，船台拉划线时用，也可固定临时的起重机械，如卷扬机和导向滑轮，这些预埋件的位置和数量及抗拉能力，可根据每个船台的作用和不同要求设定，并无固定的模式套用。

船台中心的预埋件，也称船台中心线板（中心点）一般用钢板制成，需涂上醒目油漆，画上船台中心线，有的船台中心线板用不锈钢板制成。分段上船台之前，船体放样工人就按图放样，将船的肋骨，舱壁等标注其上；起重吊运工、船体装配工就按肋号定位分段；分段的初步定位后，再由船体装配工，做精确的调整固定。

同时船台两侧的画线柱及基础预埋件，可根据每个船台的具体要求而设置。

四、其他配套设备

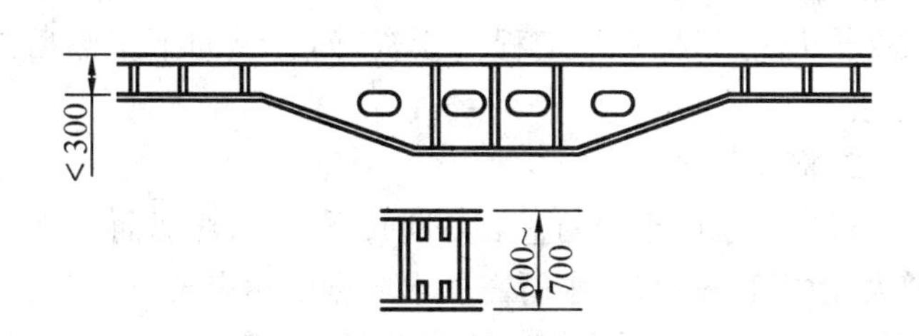

图 5-2　下水横梁（钢梁支架）

船台上的配套设备，如前述及的氧乙炔管道装置，风、水、电管道装置，各种电压的供电装置，照明灯柱、上下扶梯，有的还设置上下电梯。同时船台上还配置一定规格的木墩、铁墩、活络墩、砂箱和厚薄不一的大木楔，以及下水横梁（钢梁支架），如图 5-2 所示。当然，脱钩机械止滑器，也是船台上的重要配套装置之一。如图 5－3 所示手敲式脱钩机械。

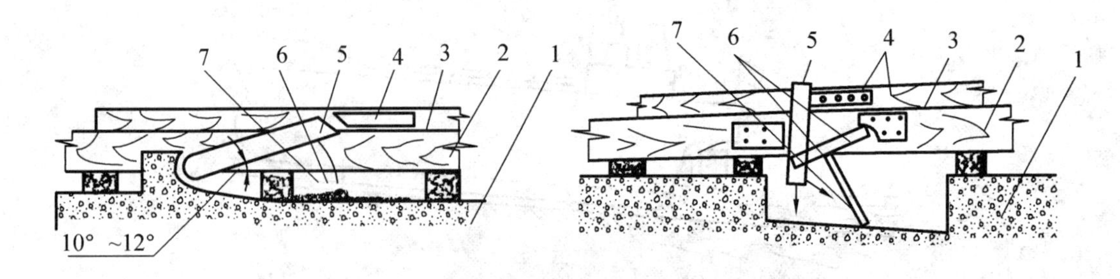

图 5－3　手敲式脱钩机械（止滑器）

1—船台；2—滑道；3—滑板；4—撑头；5—止滑器；6—撑杆；7—楔木

除此之外，船台的前端由于高出地平面，在这下面一般都设有现场办公室、仓库、配电间等。与船台配套的设施，除船台以外还有船台两侧的起重机械吊车，这里就不再详细述说。

第二节　船 舶 下 水

船舶下水，是造船工艺流程中的重要组成部分，是将船舶从造船区域（船台，船坞）移向水域的过程。随着造船工业的发展壮大，造船吨位日益增大，同时为了提高造船总量，缩短船台造船周期已成为急需解决的问题。船舶下水的过程，随着经验的积累，机械化程度不断提高而不断地简化，出现较多新型的下水方法。

按照船舶下水移行的方法与船舶纵舯剖面是平行或相垂直的。常规的下水方式分为纵向下水和横向下水。按照船台与船坞的分类，又有重力式下水和漂浮下水两种情况，国内多用重力式下水。在此初级起重工艺中只能简单的介绍重力式纵向滑行下水和横向下水的工艺过程。

1. 重力式纵向滑行下水

一般重力式纵向滑行下水的船台与水岸线相垂直，厂区岸线可以得到充分的利用。由于这种下水方式所用的滑道数量少，间距小，故下水操作容易同步协调，不至于因移行方向偏转发生下水事故，这就是被大多数船厂采用的原因。由于纵向下水当船尾浮起时，只有艏端局部搁置在下水支架上，对艏端底部产生很大的压力，此时需对艏支架做特殊加强，而且在船体上有很大的纵向弯矩，所以要求下水的船舶具有足够的纵向刚度。滑道伸入水域的长度较大，会增加水下工程的投资，而且纵向下水浮后滑程较大，所以要求水域有足够的宽度。

2. 横向下水

横向下水由于船的整舷是同时下水的，对船而言浮力的增值较快，在水中的滑行阻力也较大，故滑程较短，下水所需的水域宽度相应较小。由于这种下水方式无艏端压力与纵向弯距的作用，故比较适合纵向刚度较弱的船舶采用。同时由于滑道的水面部分较短，可节省水工工程的投资。

横向下水和纵向下水就滑道而言，横向下水的滑道根数要比纵向下水的滑道多数倍。

最外侧两滑道间距较大,故下水移行时的动作不易协调一致,工艺操作也较复杂。采用横向下水,厂区岸线也不能得到充分利用,所以除了多船位船台配套使用外,一般不用,同时横向滑行下水对船舶的吨位有很严格的限制。

3. 滑板间的润滑材料(润滑脂)

滑板间的润滑脂是船舶下水过程中的重要材料,采用的目的是减小船舶下水时的摩擦阻力,减少下水时的滑行时间,确保船舶下水过程中的质量。

润滑脂是由多种材料配制而成,其成分及性能应根据滑板载荷、气温以及空气中的温度等条件确定。

所配置的油脂是否合乎技术要求应作鉴定。油脂性能的鉴定一般包括油脂的品质、比重、黏性系数、摩擦系数、耐压强度,耐低温、耐海水、耐热性等方面的性能。

润滑脂的配制,是有多种物质溶解合成,如石腊、松香、二丁脂、火碱、航空机油等等。有关这方面的知识在高级起重工艺中再进行讲解。

4. 滚珠下水工艺法

运用滚珠法使船舶下水,实际上最终利用滚珠取代了滑道、滑板间的油脂层。从起重操作作业方法上、力学上而言,将船舶下水过程中的滑动摩擦改为滚动摩擦,操作方法同样由滑变为滚。

这一操作方法在国外已使用,对我国而言是一门最新的下水工艺和方法。

在操作过程中,将承重珠子(一般是选用直径 90 mm 的钢球)按一定的要求在钢球槽内铺设妥当,上下均与钢板接触,在重力的作用下,以船舶在船台斜面上的自重分力作为原动力,达到使船舶下水的目的。

随着人们环保意识的提高和国家对环境的重视,船舶在下水过程中采用润滑脂,对环境和水资源造成的污染已是不争的事实,取而代之的滚珠法下水法将得以推广和采用。

第三节　船坞的种类和特点

船坞是一种船舶上墩与下水的建筑物,它能适应在其容量内的各种类型和尺寸的船舶。船舶在船坞内利用水的浮力坐墩(上墩)与下水是十分灵活、安全的。

船坞按其建造方法,可分为干船坞和浮船坞两种,简称干坞和浮坞,在干船坞中按其用途又分为造船坞和修船坞。从工程技术角度看,修船坞和造船坞没有根本的区别,只是修船坞比造船坞更深一些,造船坞所配套的起重机械能力比修船坞大得多。

一、干船坞

干船坞是用钢筋、水泥、石头、木材等材料建成。坞室四周除坞门有的建成阶梯的,有的建成直壁式的,一般老式干船坞的坞墙均为阶梯形,这是为了改善坞墙的受力情况和自然通风采光条件。现代化的干坞坞墙均为钢筋混凝土结构,或造型钢桩加混凝土结构,坞墙的式样均为直壁式,因为直壁式船坞在容量相等的情况下与阶梯形老式船坞相比所占的地面积小,同时坞边吊车的幅度功能可以得到更大的发挥,如图 5－4 所示。

干船坞一般都建在江、河、海边,坞室底面在水平面以下。由于坞门的结构形式的不同,船舶进坞时的操作方法也不相同。通常用水泵将坞门内的水排出,使坞门浮起,并拖移开,

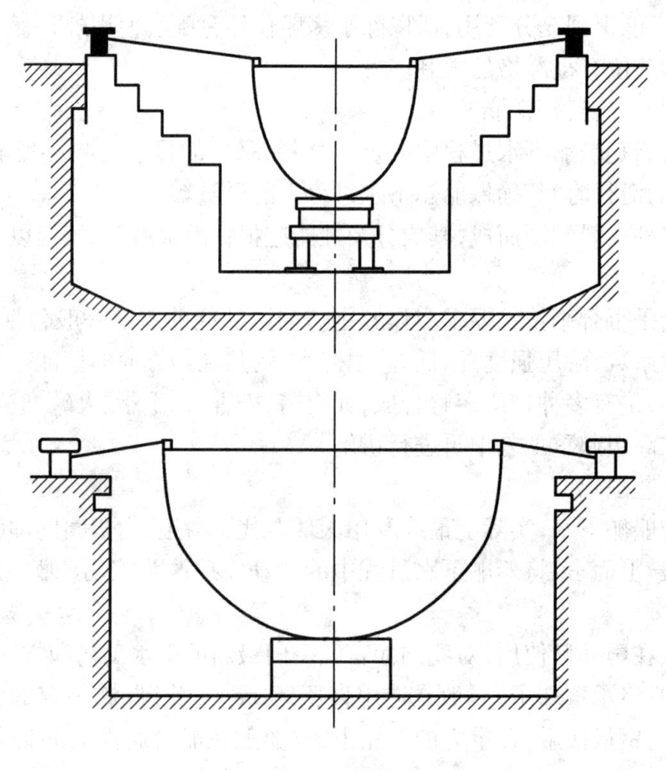

图 5－4　坞室示意图

此时坞内外水位相同，然后将船引入坞内，系好缆绳，再将坞门关闭。坞门关闭后，再将水注入坞门内，使之下沉，坞门就将坞室内外水隔开。然后由水泵站排出坞内的水使坞内的水位逐渐下降，船舶即随着水位下降，坐落在铺好的墩木上。船舶出坞，先将坞室外的水灌入坞内，使船浮起，再抽出坞门内的水，使坞门浮起并移开，将船拖出坞外。

干船坞的坞室是由坞口、坞首、坞墙及坞底四个部分组成，坞口是船的进出口，是支撑坞门承受水压力的结构部分，坞首是干船坞的后部，坞墙是抵抗坞室周围土压力和水压力的部分，坞底是承载船舶的地方。

和坞口紧密相连的是坞门，也称为坞闸门。坞门的种类较多，但按其开启形式可分为两种，一种为门式，另一种为闸式。闸式坞门为插板式、浮箱式和横拉式。门式坞门有单门式、人字式和卧倒式等。但是目前在使用的和新建的干船坞坞门通常都为浮箱式坞门。

浮箱式坞门内部分若干个水密仓室、水泵房仓室、操作仓室等，同时为了避免潮汐涨落对下沉力的影响，在工作仓的两端设置潮汐仓，潮汐仓的水位始终与水域的水位相等，因而保证了下沉力的不变。这种坞门的优点在于操作上比较安全，但是内部结构分仓较多，质量大，浮箱或坞门也可以用压缩空气排水起浮。

二、浮船坞

浮船坞也称浮坞。它可以用于修船，也可以用于特种船舶下水、打捞沉船、运送深水船舶经过浅水航道或作为船队的浮力修理基地。浮船坞的优点是机动灵活、适应性强，能一坞多用，与同吨位干坞相比建造费用低。

浮船坞按其墙体形式可分为单墙式和双墙式两种，双墙式左右结构对称，能保证平稳地沉浮。单墙式浮船坞因为左右不对称，造成压载复杂，需要在横向移动压载系统的重心，才能保证坞体平衡。它的纵向强度也不如双墙式。只有一些船厂，在船舶下水过程中，因受地理条件的限制，采用单墙式浮船坞作为船舶下水的设施。目前船厂大多采用双墙体浮船坞的道理就在于此。

浮船坞按其动力方式划分，可分全动力式、非动力式、半动力式三种，作为浮动修理基地的浮船坞就属于全动力式，靠自己坞内的设施发电作为动力。非动力式浮船坞是靠动力供电或靠岸上供电。半动力式浮船坞是利用岸上供应的电力，带动自己的动力站。

按其使用情况分，浮船坞又分为自航式和非自航式两种，自航式浮船坞具有船体线型并装有主机和推进器。

浮船坞按其结构制造材料分，（主体）有钢质浮船坞和钢筋混凝土浮船坞（亦称水泥坞）两种。

按结构型式分，它又分为整体式、分段式、混合式和三段自坞室，如图 5－5（a）、（b）、（c）、（d）所示。

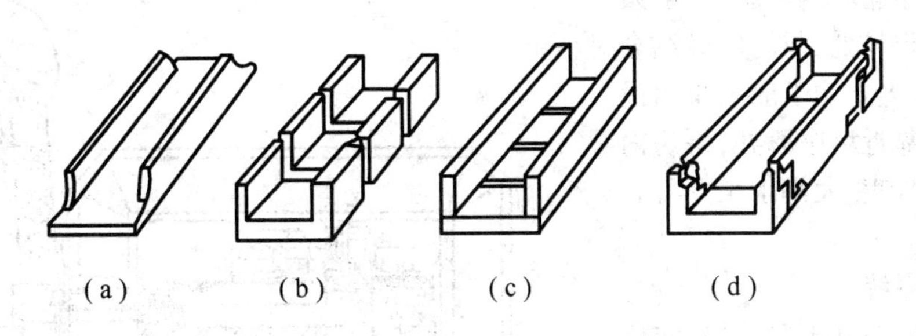

图 5－5　浮船坞的结构型式

（a）整体式；（b）分段式；（c）混合式；（d）三段自坞式

整体式浮船坞有足够的纵向强度和最小的坞体自重。整体式浮船坞上管道和电缆的布置也较简单，但不能进行自身坞修，而且太大的整体式浮坞，在建造和拖运上都有一定的困难。

分段式浮船坞，沿浮船的长度分成若干段（包括坞墙与坞箱），每段之间可作刚性连接，因此这种浮坞的坞体不具有纵向强度，纵向弯矩是由坞修船舶的船体来承担，为了能使浮船坞进行自身坞修，每个浮船坞的长度不应大于浮船坞的宽度。

混合式浮船坞是综合了整体式和分段式两者的优点。这种形式的浮坞将浮箱与坞墙的结构分开。为了保证纵向强度，坞墙做成连续的。为了使浮箱能进行自身坞修，将浮箱做成分段的。混合式浮船坞的坞墙，一种是搁在浮箱上，因为坞墙较低，故结构较重，但要自身坞修拆除坞墙与浮箱连接比较方便；另一种是坞墙一直做到浮箱底部，由于坞墙较高，故在保证相同的纵向强度条件下结构较轻。

三段自坞式浮船坞是为了增加其纵向强度设计的。它的中段可占 60％～80％的坞长，称为主坞，余下的两端分段称为子坞。分段间用螺栓或电焊连接，主坞修理时可利用两端子坞将它抬出水面，子坞修理时可以进主坞。

三、船坞的配套装置

(一)干船坞的配套装置

干船坞的主要设备有排灌系统(泵房)、曳船系统、起重设备以及各种供气管道、供电装置、照明系统、带缆装置等。

1. 灌水系统

主要功能是向坞内灌水,它是由机械或压缩空气操作的闸门(或称阀门),位于最低水位以下。放水前先把工作闸门打开,然后再打开进水闸门。

2. 排水系统

干船坞的排水系统以泵房为中心,水泵的进水管由坞内的集水池抽水排入坞外水域。

3. 疏水系统

用来排放修船时产生的生产污水、雨水和坞门漏水,保证坞底干燥和方便施工。一般在泵房专设两台转泵用于排除积水。

4. 泵房

泵房是干船坞的心脏,一般泵房布置在近坞口处,与坞门墩结合成一体,一般老式的干船坞泵房设计在地面上靠近坞中段处,泵房内由各种仪器仪表、大小水泵、阀门、管道组成。

5. 曳船系统

用来使船舶进出坞拉拽、定位的设备。它由绞盘、绞车、牵引小车和系缆桩等组成。如图 5 – 6 所示。

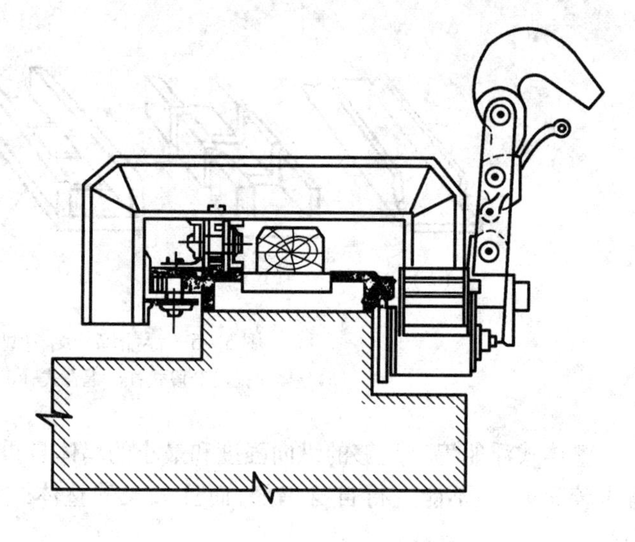

图 5 – 6　牵引小车

6. 起重设备

为了适合坞内修造船过程中的各种设备的拆装和各种船体分段的吊装定位,一般在坞的两边设置有一定起重能力的门座式起重机,也有的设置一座跨船坞的龙门式起重机确保生产的实际需要。例如上海外高桥造船基地,30 万吨的干船坞所配套的是跨船坞的 600 吨龙门吊车。

7. 动力设施

动力设施根据坞内造船工艺需要在坞的边上或坞墙的廊道内设有电缆、压缩空气、氧气、乙炔、海水、淡水等管道。为了夜间船舶进出坞和夜间坞修工程需要,坞边和坞墙上下均设有照明设备。

除此以外,国内很多船坞还配置了轨道式除锈油漆工作台和高压水除锈设施。

(二)浮船坞的配套设备

为了进行船舶的上墩和修理,在浮坞上设置有排水设备、曳船设备、起重设备、锚泊设备、动力设施和工作生活设施及中央操纵室。浮坞的一般布置如图 5 – 7 所示。

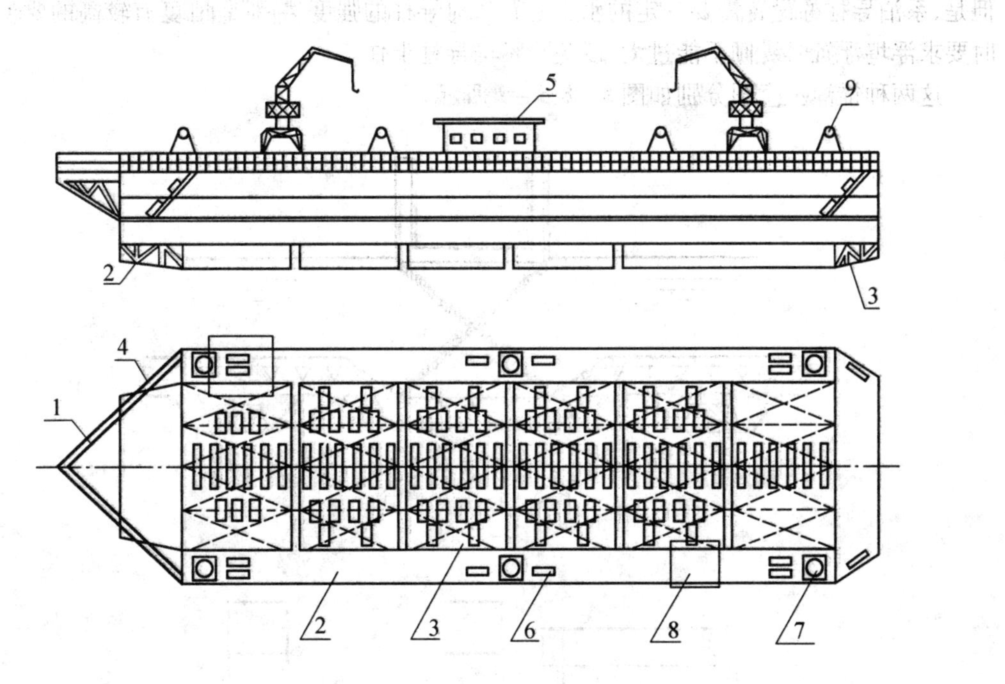

图 5－7　浮坞的一般布置

1—天桥；2—坞墙；3—浮箱；4—工作平台；5—中央控制室；
6—系缆桩；7—绞盘；8—起重机；9—照明灯

1. 排水设备

浮坞下沉时，只要把水仓的进水阀门打开即可。浮坞上浮时则要利用水泵排出水仓里的水来实现。

水泵设置在坞墙内，其中配置有主机泵、备用泵、真空泵、消防泵、通用泵以及其他辅助泵等。水泵的功率配置根据压载水容积而定。

2. 曳船设备

为了牵引船舶进出坞，在坞墙上甲板设置电动绞盘、系缆桩和牵引小车，绞盘一般在浮坞首尾和中部，左右各设一台。牵引小车的结构型式与干船坞相同，由于浮坞位置限制和使用进坞船上缆绳的方便，也有把牵引小车上的拖钩改成滑轮类型的。

3. 起重设备

修船浮坞在两侧坞墙上甲板上设有起重机、铺设起重机轨道。起重机的最大起重量，根据坞修需要吊运物件的最大质量而定，一般在 5 t～25 t 范围内。如遇重型物件则可用浮吊解决。

4. 锚泊设备

为了浮坞的下沉，需要设置沉坞坑。沉坞坑通常设定在能防御风浪和泥沙的地方。如岸边有足够的水深或少量的挖泥就能达到沉降的水深，则应将沉坞坑设在岸边。有的河道因水深的限制，必须将浮坞引到河道的深水区才能沉降。

浮坞的锚泊有两种，一种是用抓力较大的锚（或锚锭）在浮坞的四角抛开，用 3～4 节锚链和钢缆连接到坞上。利用绞盘和滑轮进行操作。另一种是用系泊导柱，在浮坞坞墙外侧安装两个导环，与固定导柱松动地锁住。使用这种设备比用锚链操作简便，不需人去管理，但是,系泊导柱的设置需要一定的水工工程。对导柱的强度,特别是刚度有较高的要求。同时要求浮坞浮沉时纵倾不能过大,以免导环与导柱卡住。

这两种锚泊示意图分别如图5-8、5-9所示。

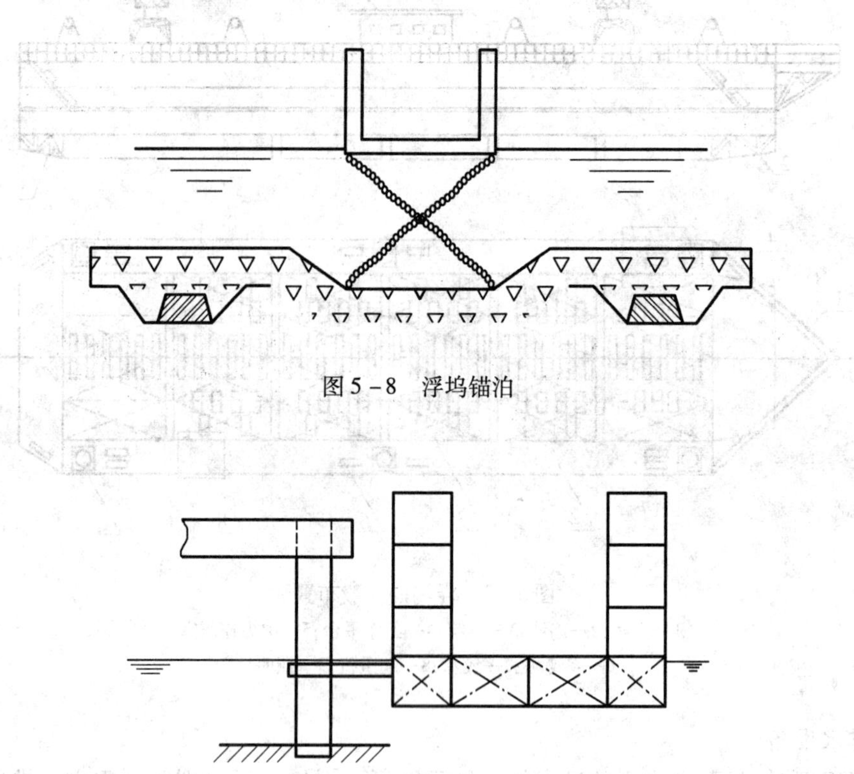

图5-8 浮坞锚泊

图5-9 系泊导柱

5. 动力与其他设备

浮坞动力设施按照所采用的动力供应方式而定。动力中心(机舱)通常设置在坞墙内,由柴油机驱动发电机发电,供水泵、电焊机、照明等设备工作。

工作和生活设施有中央操纵室(或称中央控制台)、修理车间、贮藏室、坞上人员工作室、生活房舱和修船工人休息室等。

中央操纵室设置各种仪器的指示和操作控制屏板,如水舱水位计、水舱阀门开关及指示器、纵横倾指示器、坞底挠度计、船底接触指示器、测深仪、气压机和温度计等。

安全设备有天桥,安全扶梯,救生设备,信号设备,水尺标记,消防设备和照明设备等。

第四节 船舶进坞、落墩及出坞

对于修船坞,船舶有进坞、落墩及出坞的过程。对造船坞船舶进坞问题则不突出,此章节的内容,着重从修船角度出发,简要的介绍进出坞的过程。

一、坞内布置的一般原则

坞内布置是指进坞船舶在坞内的位置。尤其是对于大坞进小船,可能一坞同时进几条船,这时每条船在坞内的位置要事先考虑好,一般要考虑以下几个因素。

1. 根据坞修船舶的坞内工程,结合坞上的起重机械的起重能力,布置进坞船舶的位置。例如,有的船进坞后要抽出艉轴、桨叶等,这时应考虑坞边起重吊车的臂幅、起重量都能满足吊起最大起重量的部件。有的船舶需要利用水上浮吊,起吊机舱内的各种设备等工作。此时,应尽量考虑将船舶的机舱靠近浮门,并同时要考虑起重船的臂幅、起重量等因素。

2. 充分利用坞室的有效面积,有时为了提高坞的利用率,同时进几条船,这时应根据进坞船舶的线型合理安排。例如,船舶一般艏艉较窄,这时则可以将两船首尾相插布置,这样可充分利用坞的长度。有时又可以进大船带小船,利用大船占地的空闲区域布置小船。有时还可以将船首伸出坞壁 。当然,这时要注意可能触碰到坞壁。

3. 根据坞室的情况布置进坞的船舶。坞内一般有排水渠、大明渠,要注意墩木不能布置在这些地方,还有的舰船带有凸出在基线以下的声呐罩,测深仪罩等,有的坞在坞室内控有深坑,布置船舶也要注意让出这些位置。

4. 如果要外抽艉轴,则应根据轴系图标明的艉轴尺寸,预留出船尾至后置船首部(或艉部、坞门等)之间的距离,如果坞修期各船相差太大,应把坞修期短的船舶靠近在坞门,以减少出坞移船的工作量。

二、坞内布墩作业

坞内布墩主要依据布墩图,布墩图依据进坞船舶船体线型绘制而成。布墩图上分别注明了中心龙骨墩、边墩的数量、高度,前后左右的相对尺寸距离,尤其对于船底线型变化复杂的部分,为了保证墩木与船底吻合,墩木四角的水平高度可能各异,有的边墩甚至要根据船底线型做出样板,按样板砍削出所需接触墩木的形状,这在施工中都要严格按照布墩图的要求进行。通常龙骨墩的间距是固定的,边墩的间距则依据线型是否拆换船底板而定。一般平底船边墩纵向间距取 4 m ~6 m。最外两侧边墩之间的横向距离不小于 1/2 船宽,尖底船则不少于 2/3 船宽。边墩在纵向支托船底的范围,约为船长的 1/2。布置坞墩的稀密程度,首先考试墩木的承压能力,同时也要兼顾施工的方便,即保证艉部的轴舵系工程不受影响和坞边的升降机构与脚手架有足够的活动余地。

船落墩后一般不再倒墩,船底与墩木接触处不能涂油漆,因此每次进坞的布墩位置应有记录,以便下次进坞时尽量与上次错开,船底除锈油漆尽量均匀。

三、船舶进坞

在上述坞内布墩结束的前提下,船舶进坞前,必须保证拖船和带缆艇、索具、碰垫和各种装置以及水泵等都已准备就绪,各岗位都已配备了操作人员和指挥人员,通信联络畅通,信号旗或灯光设备以及固定压载等都已安放适当位置,然后按下列程序操作。

1. 灌水

灌水过程中,主管人员应坚守岗位。保证墩木都良好地固定在铁墩上,没有漂浮物,船舶坐墩时可避免发生危险。

开始灌水时不能太急,以免冲跑坞墩。在灌水到坞墩木顶部时,最好对所有墩木检查一次,确信安全后,可打开所有的阀门,加快灌水。若船舶在第二天进坞,则头天灌水,灌水至少淹没墩木。

2. 开坞门

当船坞内外的水位相等时，坞门即可排水起浮，移到坞口外侧或附近码头固定。

对于卧倒式坞门，如坞内外的水位差到达 0.5 m 时，即可灌水卧倒。卧倒时间的长短，与当时的潮汐有关。水位高度不够则倒下较慢。当坞门敞开后，即通知引船入坞。

3. 拖引船舶入坞

如果船舶带有声呐导流罩，防摇鳍和其他突出装置。船舶靠拢和进入船坞须精心设计。通常船舶进入坞内可能偏离船坞中心线或进坞后超出墩木范围。所以船底与墩木之间应有足够的间隙，以防碰撞上述设备和刮倒墩木。

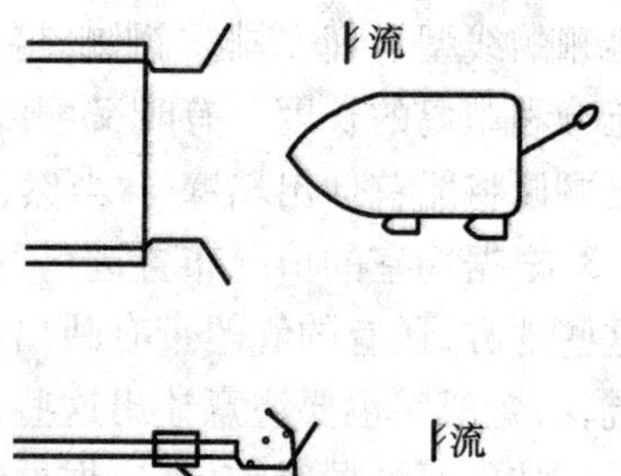

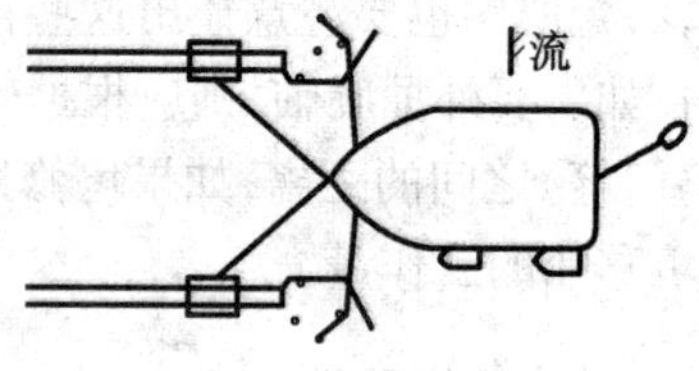

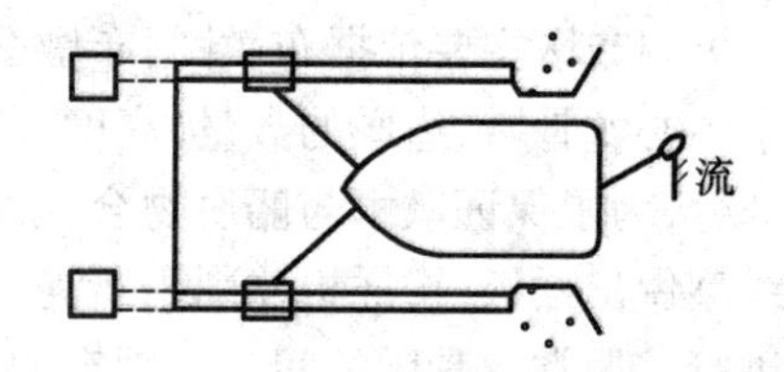

图 5－10　船舶进坞示意图

为了能简要说明拖引船入坞的过程，这里援引某船厂操纵一艘万吨级船进坞的示意图，如图 5－10 所示。

坞旁缆索是控制船舶进坞的，由船员或施工人员，撇缆绳系上船舶甲板，船坞施工人员应保证缆绳迅速递到船上，最初两根缆绳由带缆艇送到坞船上。船舶进坞在船两舷各准备两根缆绳，并准备要撇缆绳。其余两根舷侧缆绳根据船舶宽度，与船坞的宽度比较传递到船上。

船首进入坞口后，根据船坞的结构和设备的不同，采用不同的方法使船继续向坞内行移，使船行移的方法一般有两种，一种是用船上的缆绳挂钩在坞边的牵引小车上，利用牵引小车将船拖引入坞内。第二种是用坞两侧地面的引导索，上挂导向轮（沿着导索滑动），把从坞首两侧绞盘上放出的钢丝绳穿过导向轮折向船首带缆桩上，开动绞盘车，拖船入坞。这种引船方式有的称为游线滑轮引船法。如图 5－11 所示。

一旦艏缆挂妥后，船舶在船坞施工人员指挥下解脱拖船，将拖船指挥到船的尾部，调节船的尾部方向或备用。

当船舶全长的三分之二进入坞口时，坞口的两侧绞盘上放出的缆绳系到船尾的缆桩上（通过坞口两侧系缆桩上的导向滑轮），作用艉倒缆和船舶对中时使用。

4. 关坞门排水

关坞门排水过程中的对中、落墩。如果是浮箱式坞门，则把坞门从系舶处移到坞口原位，灌水下沉。如果是卧倒式坞门，则关闭其放气阀门，打开进气阀门，利用压缩空气排出空气操作仓内的水，门即慢慢地浮起。当坞门即将直立时，即关闭进气阀门，打开放气阀门，水又进入空气操作仓。当坞门及其压载水的质量大于浮力后，坞门就固定于坞门座内。随即扣上保险钩，即可进行坞室内抽水。坞内排水时，船与坞壁的位置有所变动，缆绳松紧程度也有变化，这些应随时调整，使船始终处于对中的位置上。

如果船舶的横倾由于某种原因不能完全消除时，船坞船舶对中应根据相似形的规律，求出横倾时的每米船宽的吃水差。用来估算某个艉部纵中剖面上的观察点应当偏离船坞中心线的距离，以利用船舶落墩时的对中及保护墩木，如图 5－12 所示。

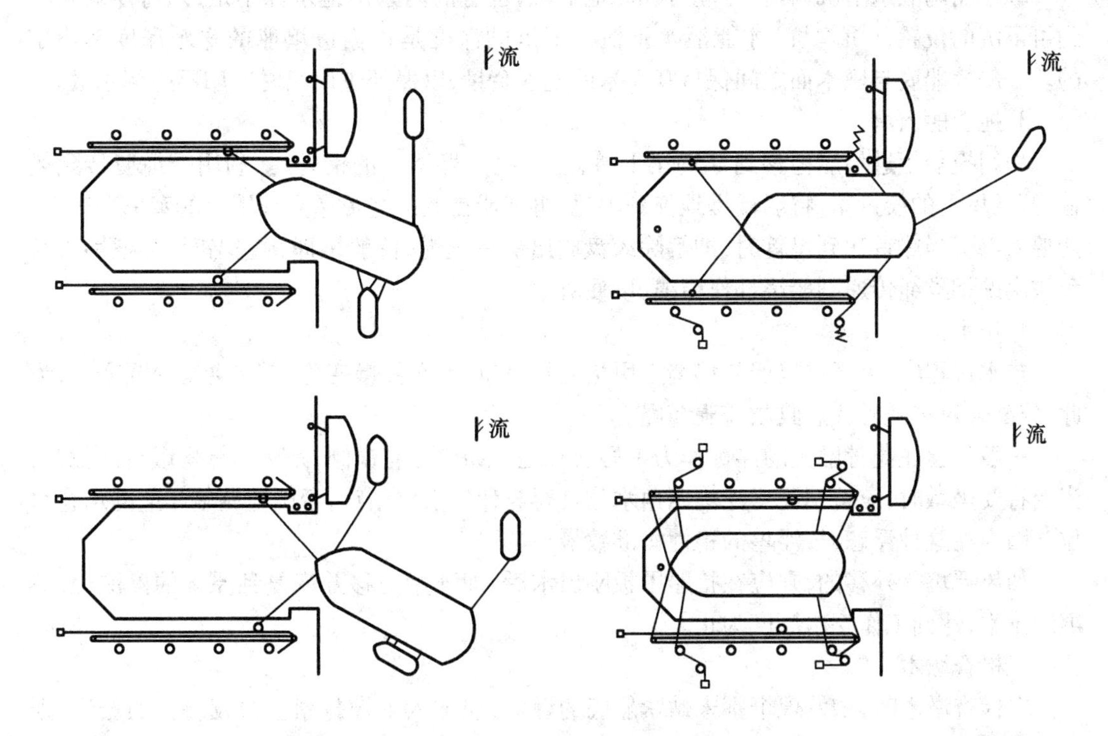

图 5－11　游线滑轮引船进坞法

船舶完全落墩后，待坞内水抽干，船坞施工人员应立即下去检查坞墩，以保证有可靠的支撑。若有不合适的地方，用垫片、木楔塞紧或加支撑，甚至移动木墩，直到完全吻合贴紧为止，同时检查是否避开突出部与排水孔，如一切正常，进坞工作方可结束，整理工具。

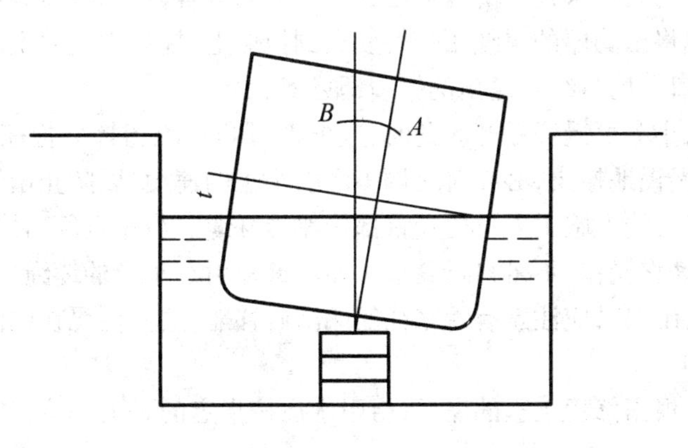

图 5－12　船舶坞内对中心

四、船舶进浮船坞操作

船舶进浮船坞大致分以下几个步骤。

1. 船坞施工人员进入各自的岗位，检查运转各种机械和设备，准备就绪后，向中央控制室汇报。

2. 浮船坞灌水下沉，有些浮坞可在原地下沉，也有的因系泊地水深不足，须将浮船坞移到可下沉的位置，(沉坞坑)才能灌水下沉。下沉的深度是根据进坞船的吃水深度而确定的。一般使船底与墩木面之间保持0.5米的吃水余量，以保证进出坞时船舶不撞倒木墩。

3. 拖引船入坞

先用拖船把进坞船拖移到浮坞尾下游，然后放出坞墙上的钢丝绳，利用带缆艇传到船首，开动坞上的绞盘车，将船慢慢地拖到坞尾，再把船首的缆绳传递到坞墙上的牵引小车上，拖船入坞。当船首达到坞首时，即解除绞盘放出的钢丝绳，待船尾即将进坞时，再把坞首绞盘放出的钢丝绳传递到船尾部作横缆，以便对中。

4. 排水抬船

排水过程中，由于进坞船与坞墙上甲板的相对位置，在慢慢变化，缆绳会变松或变紧，为此，应配合对中随时注意收放首艉缆绳。

一般用栓在龙骨墩上的浮标作为中心线标记。如果船有横倾，则应估算坐墩后的偏移，当船将要坐墩时，应特别注意浮坞四角水位是否与计划水位相符，否则应调整相应的水仓水位。因为在这种浮态时，浮坞的稳性衡准数最小。

如果浮坞是外移的，则应在抬船甲板刚出水后，即开始内移并恢复到原来的停泊处，再继续排水，达到工作吃水深度为止。

5. 检查墩木

在检查墩木时，如发现个别未贴紧船底的墩木，应加入木楔打紧。对较瘦长的船泊，则有时应在船的首尾，加设支柱(也称支撑)或两边加横撑木。然后解除缆绳，至此进坞工作方告一段落。

五、船舶出坞

船舶的出坞是进坞的程序的倒逆，尤其是船出浮船坞，更是如此，为此而不作详细介绍。一般而言，船舶出干坞时用来拖移的拖船已在坞口外附近等候。先向坞内灌水，使在坞船全浮后，打开坞门。先将出坞船的尾缆用带缆艇送到拖船上，拖船则向着上水或上风方向把出坞船慢慢地拉出坞口。坞口绞盘送出的钢缆即可解除。

如用牵引小车，小车可慢慢松开。此时，应根据风和水流指挥好拖船，使出坞船始终保持在船坞中心线上慢慢地拖出，必要时可调整牵引小车的速度，以防止出坞船碰撞坞壁。当出坞船已出坞2/3时，陆上施工人员协助首部拖船带好缆。当船全部出坞，首拖轮即可在总指挥的指挥下进行动作操作，不可自行其事。而坞壁牵引小车上的缆绳才可以解除，随之船已全部出坞。此外，出坞时应注意有无来往船舶防碍移船，这一情况在内河水域施工操作时尤为重要。

出坞后的船舶，根据修理工程的需要，由引水员按指定的码头泊位停靠。

第五节　应用试题

1. 船台的主要配套设施有哪些？

2. 什么叫重力式下水，船台上船舶下水方式有哪两种？

3. 船台上用于搁船的坐墩有哪几种形式？

4. 船坞有哪几种?
5. 浮船坞的作用有哪些?
6. 浮船坞按其结构型式可分为哪几种?
7. 干船坞的配套装置有哪些?
8. 浮船坞的配套装置有哪些?

第六章　起重指挥与操作规程

在各行各业的施工建设中，起重作业是一项与各工种必须密切配合、互相协调的群体作业，在协调过程中，往往有时是以指挥信号作为工作语言的形式，以使参与施工的每个人员，都悉知指挥者发出的每一个信号的目的和意义。之所以起重指挥在起重作业中的地位和它的特殊性、重要性在作业实施过程中能够体现出来，就因为起重指挥得当与否，不但对起重作业的质量、安全具有重要意义，而且有时直接关系到施工作业的成败。

一个起重作业指挥人员是实施起重作业的核心人员，不但要熟悉掌握每个信号目的和意义，同时应对每发出的一个信号抱有高度负责的责任感。作为每个参与施工的起重人员，同样必须应该熟悉和理解指挥员发出的每一个信号的目的和意义。

为此在起重作业中，起重指挥、联系信号及安全操作规程是每个起重作业人员必须掌握的基础知识。

第一节　起重常用的指挥信号

起重指挥信号，有手势信号、音响信号和旗语信号等。

一、手势信号

手势信号是用手势的方法与各种吊车司机，或各种起重机械操作人员联系的信号，这一联系信号包括通用手势信号和专用手势信号，但它们都是起重吊运的指挥语言。

1. 通用手势信号，包括以下几种

(1)预备

手臂伸直置于头的上方，五指自然伸开，手心朝前保持不动。

(2)要主钩

单手自然握拳置于头上，轻触头顶。

(3)要副钩

一只手握拳小臂向上不动，另一只手伸出，手心轻触前只手的肘关节。

(4)吊钩上升

小臂向侧上方伸直，五指自然伸开，高于肩部，以腕部为轴转动。

(5)吊钩下降

手臂伸向侧前下方，与身体夹角约30°，五指自然伸开，以腕部为轴转动。

(6)吊钩水平移动

小臂向侧上方伸直，五指并拢手心朝外，朝负载运行的方向，向下挥动到与肩相平的位置。

(7)吊钩微微上升

小臂伸向侧前上方，手心朝上高于肩部，以腕部为轴重复向上摆动手掌。

(8)吊钩微微下降

手臂伸向侧前下方,与身体夹角约为30°,手心朝下,以腕部为轴重复向下摆动手掌。

(9)吊钩水平微微移动

小臂向侧上方自然伸出,五指并拢手心朝外,朝负载应运行的方向重复作缓慢的水平移动。

(10)微动范围

双手小臂曲起,伸向一侧,五指伸直,手心相对,其间距与负载所要移动的距离接近。

(11)指示降落方位

五指伸直,指出负载应降落的位置。

(12)停止

小臂水平置于胸前,五指伸开,手心朝下,水平挥向一侧。

(13)紧急停止

两小臂水平置于胸前,五指伸开,手心朝下,同时水平挥向两侧。

2. 专用手势信号包括以下几种

(1)转臂

手臂水平伸直,指向应转臂的方向,拇指伸出,余指握拢,以腕部为轴转动。

(2)升臂

手臂向一侧水平伸直,拇指朝上,余指握拢,小臂向上摆动。

(3)降臂

手臂向一侧水平伸直,拇指朝下,余指握拢,小臂向下摆动。

(4)微微转臂

一只手的小臂向前平伸,手心自然朝向内侧,另一只手的拇指指向前只手的手心,余指握拢作转动。

(5)微微升臂

一只手的小臂置于胸前的一侧,五指伸直,手心朝下,保持不动。另一只手的拇指对着前手手心,余指握拢,作上下运动。

(6)微微降臂

一只手的小臂置于胸前的一侧,五指伸直,手心朝上,保持不动,另一只手的拇指对着前手手心,余指握拢,作上下移动。

(7)伸臂

两手分别握拳,拳心朝下,拇指分别指向两侧,作相斥运动。

(8)缩臂

两手分别握拳,拳心朝下,拇指对拇指,作相向运动。

(9)履带起重机回转

一只小臂水平前伸,五指自然伸出不动,另一只手小臂在胸前作水平重复摆动。

(10)抓取

两手小臂分别置于侧前方,手心相对,由两侧向中间摆动。

(11)释放

两手小臂分别置于侧前方,手心朝外,两臂分别向两侧摆动。

(12)翻转

一只手小臂向前曲起，手心朝上，另一只手小臂向前伸出，手心朝下，双手同时进行翻转。

(13)起重机前进

双手臂先向前伸，小臂曲起，五指并拢，手心对着自己，作前后运动；

(14)起重机后退

双小臂向上曲起，五指并拢，手心朝向起重机，作前后运动。

3. 船用起重机(或双机吊运)专用手势信号

(1)微速起钩

两小臂水平伸向侧前方，五指伸开，手心朝上，以腕部为轴向上摆动，当要求双机以不同的速度起升时，指挥起升速度快的一方，手要高于另一只手。

(2)慢速起钩

两手小臂水平伸向侧前方，五指伸开，手心朝上，小臂以肘部为轴向上摆动，当要求双机以不同的速度起升时，指挥起升速度快的一方，手要高于另一只手。

(3)全速起钩

两臂下垂，五指伸开，手心朝上，全臂向上挥动。

(4)全速落钩

两臂伸向侧上方，五指伸出，手心朝下，全臂向下挥动。

(5)一方停车、一方落钩

指挥停止的手臂作“停止”手势，指挥落钩的手臂则作相应速度的落钩手势。

(6)一方停车、一方起钩

指挥停止的手臂作“停止”手势，指挥起钩的手臂则作相应速度的起钩手势。

(7)微速落钩

两手小臂水平伸向侧前，五指伸开，手心朝下，手以腕部为轴向下摆动。当要求双机以不同的速度降落时，指挥降落速度快的一方，手要低于另一只手。

(8)慢速落钩

两手小臂水平伸向侧前方，五指伸开，手心朝下，小臂以肘部为轴向下摆动。当要求双机以不同的速度降落时，指挥降落速度快的一方，手要低于另一只手。

(9)工作结束

双手五指伸开在额前交叉。

除以上这套通用指挥方法外，常用的还有以下这套指挥方法，如表6－1所示。

表6－1　手势指挥图

序号	动　　作	手　　势	说　　明
1	吊钩升起		食指向上伸出，作旋转动作
2	吊钩降落		食指向下，作旋转动作

表 6-1(续)

序号	动　作	手　势	说　明
3	吊钩微微上升		一手平举,手心向下;另一手食指向上,对着手心作旋转动作
4	吊钩微微下降	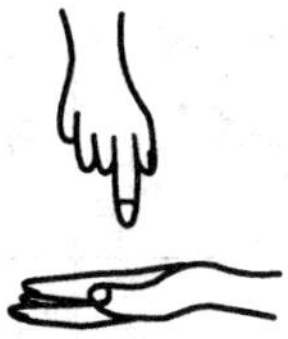	一手平举,手心向上;另一手食指向下,对着手心作旋转动作
5	吊臂杆升起	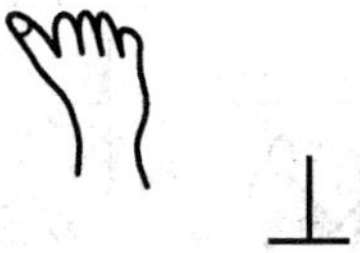	大拇指向上,作上下运动
6	吊臂杆降落		大拇指向下,作上下运动
7	吊臂杆微微升起		一手大拇指向上,指另一手的手心作上下运动
8	吊臂杆微微降落		一手大拇指向下,指另一手的手心作上下运动
9	小钩上升		一手小指向上,作旋转动作
10	小钩下降		一手小指向下,作旋转动作
11	吊车向前移动		两手心向里,对着自己作前后运动

表6-1(续)

序号	动　作	手　势	说　明
12	吊车向后移动		两手心向外,作前后运动
13	吊臂杆转向	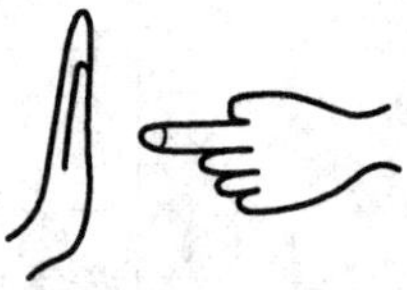	一手的食指横指另一手的手心,两手同时向左或向右移动
14	停止		举手握拳
15	紧急停止	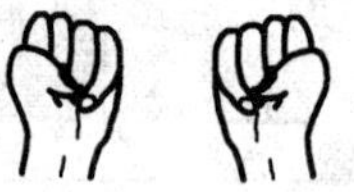	双手举起握拳

二、旗语信号

1. 预备

单手持红绿旗上举。

2. 要主钩

单手持红绿旗,旗头轻触头顶。

3. 要副钩

一只手握拳,小臂向上不动,另一只手拢红绿旗,旗头轻触前只手的肘关节。

4. 吊钩上升

绿旗上举,红旗自然放下。

5. 吊钩下降

绿旗拢起下指,红旗自然放下。

6. 吊钩微微上升

绿旗上举,红旗拢起横在绿旗上,互相垂直。

7. 吊钩微微下降

绿旗拢起下指,红旗横在绿旗下,互相垂直。

8. 升臂

红旗上举,绿旗自然放下。

9. 降臂

红旗拢起下指,绿旗自然放下。

10. 转臂

红旗拢起水平指向应转臂的方向。

11. 微微升臂

红旗上举,绿旗拢起横在红旗上,互相垂直。

12. 微微降臂

红旗拢起下指,绿旗横在红旗下,互相垂直。

13. 微微转臂

红旗拢起,横在腹前指向应转臂的方向,绿旗拢起,横在红旗前,互相垂直。

14. 伸臂

两旗分别拢起横在两侧,旗头外指。

15. 缩臂

两旗分别拢起横在胸前,旗头对指。

16. 停止

单旗左右摆动,另一面旗自然下放。

17. 紧急停止

双手分别持旗,同时左右摆动。

18. 工作结束

两旗拢起在额前交叉。

19. 起重机前进

两旗分别拢起向前上方伸出,旗头由前上方向后摆动。

20. 起重机后退

两旗分别拢起向前伸出,旗头由前方向下摆动。

21. 微动范围

两手分别拢旗伸向一侧,其间距与负载所要移动的距离接近。

22. 指示降落方位

单手拢绿旗指向负载应降落的位置,旗头进行转动。

23. 履带起重机回转

一只手拢旗水平指向侧前方,另一只手持旗,水平重复挥动。

三、音响信号

1. 预备

连续的一短声、一长声:嚯、嚯——。

2. 上升

连续的两短声:嚯、嚯。

3. 下降

连续的三短声:嚯、嚯、嚯。

4. 微动

断续的短声:嚯……嚯……。

5. 停止

一长声:嚯——。

6. 紧急停止

急促的长声:嚯——、嚯——、嚯——。

四、吊车司机使用的音响(有喇叭声)

1. 明白、服从指挥

一短声:嚯。

2. 请求重新发出信号

连续的短声:嚯……

3. 运行注意

连续长声:嚯——

五、起重指挥信号的应用

(一)在起重作业中起重指挥人员要正确地使用手势信号、旗语信号和音响信号。在指挥形式上如下。

1. 通常右手指挥吊钩、左手指挥吊臂,在用旗语指挥时,通常右手持绿旗,左手持红旗。

2. 必须做好两种指挥信号的配合,如音响信号与手势信号的配合使用以及音响信号与旗语信号的配合使用。

(二)指挥人员和司机之间的配合,必须符合下列要求。

1. 吊车驾驶员必须理解指挥人员的信号。

2. 指挥人员使用的音响信号与手势或旗语信号相一致。

3. 指挥人员指挥时,必须站立在司机能看的见的位置。

4. 指挥者必须目视司机。

5. 司机接到信号在开始工作前,应回答明白信号,方可起吊。

6. 司机如发现吊车有异常情况,或吊车所在位置范围的起重量已小于物体质量时(变幅),应及时发出信号,提醒指挥者。

7. 指挥人员对起重机械要求微微动作时,必须手势、音响信号正确,司机应严格按信号行使操作,不得自作主张,无视指挥。

8. 所吊物体需在空间运行时,指挥者必须指明运行的方向和目的地。同时必须跟随吊物到位。

9. 操作时,指挥者和司机必须全神贯注,思想集中。

第二节　起重安全操作规程

起重作业是特种作业,从事这一施工的人员包括各种起重机械的操作员和驾驶员,都必须严格遵守国家安全部门的规定,持证上岗。要取得这一安全操作证,必须通过具有一定资格、国家认可的特种作业的安全培训机构,在培训后的基础上进行应知、应会的考核,鉴定后,方能取得操作证。

为什么说起重作业是特种作业呢?就是因为起重作业是一个高危险性作业。在施工安装过程中,起重作业这个工作的好坏,不仅直接关系到施工的进度和质量,而且还关系到员工的生命安全,是人命关天的头等大事,也关系到国家和人民财产安全的大问题,为此,作为一名起重作业人员,不但要掌握起重工艺技术,还要在施工作业中严格遵守国家安全部门的规定和规章制度。

一、起重吊装指挥人员安全操作要求

1. 必须熟悉起重工具的基本性能，最大允许负荷，报废标准和使用知识。

2. 作为一个起重人员，必须具有对吊索具的各种受力的计算能力和辨废能力，正确使用吊索具。

3. 能正确地确定物体的重心、质量及外形尺寸，制定正确的施工方法。

4. 吊运物件时，必须认真操作，专人指挥。起动大型物件时必须有明显标志（白天挂红旗，晚上悬红灯）。

5. 各种物件起重吊运前应先进行试吊，检查确认安全可靠后方能吊运。

6. 使用各种千斤顶时，必须正确使用、严格掌握，上下垫牢、随起随垫、随落随抽垫木的原则。

7. 使用滚管、滚物时（盘路），必须正确操作。填放滚管时应四指放在管内，同滚杠的两端不宜超出工件底面过长，防止压伤手脚，滚动时应有专人监护。

8. 吊运重物时尽可能不要离地面太高，在任何情况下，禁止吊运的重物从人员上空越过，同时所有人员不准在重物下停留或行走，再则，所吊运的物件严禁长时间的悬在空中。

9. 使用起重机时，应和司机密切配合，严格遵守执行起重机械“十不吊”的规定。

10. 必须认真、正确地穿戴好安全防护用品，施工时分清上风与下风的关系。“上风”即物体不可能运动的方向。“下风”即物体所须运动到的方向。为此施工时任何人不得停留下风。

11. 工作结束后，做到工完料清场地净，做到文明施工。

二、起重搬运安全操作规程

1. 进行设备起重搬运施工时，必须严格遵守起重操作规程和安全技术规程，保持设备和建筑物及施工人员的绝对安全。

2. 在利用建筑物作为设备起重搬运时，建筑物点、面上的受力，必须严格符合小于建筑物的承重要求，切不可超负荷，以免损害、损伤建筑物。

3. 使用起重搬运机具时，应严格遵守国家颁布的 GB4387 – 84《厂内运输安全规程》和 GB6067 – 85《起重机械安全规程》等。

4. 起重搬运机具必须定期检修，妥善维护，正确使用，在每次使用前均应事先检查，确认良好无损，并符合所需的技术要求后，不得使用。

5. 在进行设备起重搬运工作前，必须查明验证设备的质量，正确合理的选择和采用起重搬运机具和操作方法。

在重大设备起重作业施工前，应正确、认真地编写施工方案，并经有关技术部门审核批准，在求得共识的基础上，才能组织实施操作。

6. 在起吊设备时，吊索的固定应按设备箱上的标记或按设备吊运说明书上进行，切不可盲目操作。

7. 设备（物件）捆扎时的注意要点如下。

（1）对所吊设备或物件必须牢固、平稳、受力点必须高于物体的重心，防止倾倒。

（2）吊索的转折处与设备（物件）接触的部位，应用软性垫物加以隔开，以防吊索或设备的损坏。

(3)在易变形的物体上捆扎吊点时,应采取恰当的措施,克服横向挤压力,防止物体变形损坏设备。

(4)起吊时应检查设备上是否有可能滑动的部件,如有应予以固定,以防滑落或滑动碰损。

8. 各种起重机具,如卷扬机、桅杆、导向滑轮等,使用前必须认真检查,各连接点是否稳妥、牢固,以及电气和制动装置是否安全可靠。

9. 物体在起吊过程中,不得中间停止作业,指挥人员和起重机械操作人员,不得随意离开岗位。所吊设备上不得有人,设备下方亦不得有人停留或通行。如施工人员有必要在所吊设备的下方进行工作时,应采取一定安全防范措施。

10. 起重作业中,各施工人员应分工明确、目标一致,并服从统一指挥。

11. 起重作业中,如出现异常现象时,应立即停止作业,查明原因,予以纠正后,方得继续施工,决不能侥幸行事。

12. 物体吊运到位后,应放置稳妥,对于重心高的物体,应先采取一定的措施,使其稳妥、平稳后方可拆除起重机具。

13. 搬运设备时所经过的道路应平坦,路面下的沟道和管线等隐蔽工程及其覆盖物等的耐压情况必须查明,如不能承受设备的负荷时,应采取措施或改道搬运。

14. 起吊任何物件,原则上应垂直上升,如果受环境或起重机具的限制不得不斜向上升时,应经过科学的计算,采取特别有效的措施,在确保安全的前提下方能操作。移动式起重机,如履带式吊车、汽车吊、桥式起重机、门座式起重机、各种类型的塔吊等,在使用过程中严禁歪拖斜拉提升设备。

15. 起吊任何物体前,应认真检查各方面的情况,使其符合规范,在确认稳妥、牢固、安全的前提下,方能继续起吊。

三、高空作业要求

高空作业,对起重而言是经常性的作业,随着设备所需安装的高度而确定,高度越高,风险也越大,这主要是高空作业环境和人的自身心理各种不良反应造成的。为此国家有关部门制定了一系列的高空作业施工规程和规章,其目的确保高空作业安全,珍惜生命,人性化操作。

按照国家 GB3608 - 83《高处作业的分级》标准规定:凡是在坠落基准 2 米以上(含 2 米),有可能坠落的高处进行作业的称为高处作业场合应按“单位有关高处作业审批制度”规定执行。一级高空作业规定为 2 米至 5 米,由所属部门审批,报安全科备案,二级 5 米至 20 米,三级 20 米至 30 米以上,由厂安全科审批报总厂安全部门备案,特殊高空作业如强风高处,雪雨天高处,带电高处,悬空高处,抢救高处等作业,由厂部审批报企业主管局安全处备案。

登高作业必须严格遵守执行国家的有关规定,同时必须注意和遵守以下几点。

1. 高空作业所需搭设的脚手架,必须符合国家建筑规程要求。高空作业用的吊架,吊笼,其安全性能和作用必须符合国家规范的作用和要求。

2. 从事高空作业的人员必须体检合格,凡不适于高空作业的人员,如高血压、心脏病、贫血、癫痫症、视力不佳、听力不佳有障、手脚有残、恐高症等人员,不得从事或胁迫从事高空作业。

3. 高空作业中一般不应交叉作业，凡因工序原因必须在同一垂直线下面同时操作施工时，必须采取可靠的防范措施，否则不准作业。

4. 登高作业的人员，必须认真正确地戴好安全帽和安全带，提高安全作业防范意识。

5. 遇有六级以上强风、暴雨和露电时，应停止高空作业。

6. 在易燃、易爆、有毒气体的厂房上部及塔罐顶部施工时，应有专人监护。

7. 直接攀登高大塔罐、烟囱的爬梯施工时，必须经过有关安全部门批准，并采取安全可靠防范措施，否则严禁作业。

8. 高空作业人员，必须注意作业区点范围内的上、下、左、右，凡有电线应进行隔离安全措施，并要防止运送导体材料触碰电线。

9. 用梯子登高时，所使用的梯子不得缺层，顶端应用绳索系扎在支靠体上，支靠体本身应牢靠，梯脚应用橡皮扎牢来防滑，梯下要有人监护，以备传递所需的工具。梯子倾靠的斜度应在60°左右为宜，每把梯子只能一人登攀工作。使用“人字梯”时，梯子中间跨度必须用绳索固定，以防不测。

10. 登高与下来时，手中不可拿构件，应用工具袋，上下传递物体时，应用吊绳。吊放时物体下方不可有人停留或穿行。

11. 高空作业时，不可把工具、器材等放置在脚手架或建筑物的边缘，以防跌落伤人。

12. 在石棉瓦、油毛毡式、玻璃钢瓦或松软纤维板上作业时，必须采取强有力的安全措施。不能直接站在上面操作施工或行走，应立在脚手架上或竹篱上。

13. 尚未完工的预留孔、洞，都要加盖铺板，或围上临时拦杆，防止有人误入坠落。

四、起重作业人员的职业道德规范

1. 以主人翁的劳动态度，热爱本职工作

职业道德是社会实现职业分工后的产物，它要遵循社会公德原则，体现社会公德的要求。但由于职业分工的不同，各行各业都有不同特点的职业道德要求。如医护人员要有以救死扶伤为主要内容的职业道德要求。服务性行业的人员要以优质服务为主要内容的职业道德。起重作业作为特种作业，从事这一职业的人员，其职业道德体现在遵章守纪安全第一的基础上。

随着社会经济的发展和社会文明的不断进步，职业道德也在不断地发展、丰富。在近代西方的部分国家已经形成了一门专门研究职业道德的学科，称为职业伦理学。

社会主义职业道德的核心是全心全意为人民服务，热爱本职工作，忠于职守，向社会负责是社会主义职业道德的基本原则，社会主义职业道德是我国工人阶级主人翁劳动态度的集中体现。为人民服务是社会主义职业道德的本质特征，为人民服务是在社会主义职业活动中调节、指导和评价人们职业行为的标准。

为人民服务既是社会主义职业道德的出发点，也是归结点，我们的一切职业行为都不能偏离为人民服务这一宗旨。

在社会主义制度下，人们是为自己、为社会主义建设事业，为提高社会的物质、文化生活水平而劳动，我们工人应当以主人翁的劳动态度对待劳动，树立主人翁的劳动态度，首先要求广大职工热爱本职工作。要正确地认识到，不同的行业和职业只是社会分工的不同，都是社会必不可少的组成部分，并没有贵贱，高低之分。各行各业的工作都是社会主义建设事业中的齿轮和螺丝钉，离开或缺少了哪一个行业，整个社会生活就无法正常进行。社会上没有没出息的行业，俗说话："三百六十行，行行出状元"。只要以主人翁态度对待工作，照样能在平凡的岗位上作出不平凡的贡献。

起重职业同样如此，随着社会主义建设的发展步伐不断加快，起重职业在各行各业所起的作用和重要性，已颇为重要。

起重吊运作业，由于根据物体的不同结构、质量、重心及施工现场情况，在选择不同的操作方法的基础上，采用不同吊运工具，达到可安全施工将物体从地面吊到空中，再放到预定的位置的目的。或将物体由这一地点移到另一地点的目的。例如东方明珠电视塔的天线，由地面吊至高空定位安装；上海原延安东路上的"上海音乐厅"整体移位，至目前的位置金陵东路等。在高度发展的社会中，我们每个起重吊运指挥作业人员，都在为国家的建设添砖加瓦，作出应有的贡献，我们应该为此而感到自豪和骄傲。并继续在这岗位，充分施展自己的聪明才智，为国家作出更大的贡献。

2. 加强责任性，安全牢记心

热爱本职工作，是树立主人翁的劳动态度的前提和基础，其表现有忠于职守、从严要求的精神，有高度的责任心，对国家、对集体、对人民有极端负责的精神，还要有忠实地履行本岗位的职责。只有这样，才能在从事每一项起重作业任务中，安全可靠、保质保量地完成任务。

安全生产历来是我国党和政府的一项重要工作，"高高兴兴地上班，平平安安地回家"，也是广大人民群众的迫切愿望和要求。起重吊运作业的安全，又是整个施工建设中的安全生产工作的重点。因而从事起重吊运，施工的每一位员工，都要牢固树立安全生产的责任性。建立安全第一预防为主的思想，做到"三不伤害"，即不伤害自己，不伤害别人，不被他人伤害，实实在在的做好每一件吊运工作。

3. 勤奋学习、钻研技术

起重吊运作业工作，是建立在各种物理学知识理论和起重工艺学理论等基础上的。这是根据不同的施工操作方法，借助各种类型和作用的起重机械从事的一项工作，并不是靠拼体力的一种简单劳动，为此起重吊运技术，具有一定技术的含量。

当前，科学技术的发展突飞猛进，知识更新的速度日新月异，随着国家建设事业发展的不断发展，对各行各业的生产领域里广泛采用现代化先进技术的要求，也越来越显得迫切。可是就目前我们起重行业职工的文化、技术水平而言，与这个要求还很不相适应。因此，对于从事起重吊运指挥，这一特种作业的人员，如何以主人翁的精神、姿态和责任感，发扬积极进取的精神，勤奋学习，刻苦钻研业务技术知识，紧跟着时代发展的步伐，更显得十分迫切。

学习提高文化知识，刻苦钻研生产技术以理论联系实际的学习方法，以锲而不舍，坚韧不拔的毅力和精神，加强自我文化和业务知识的建设。只有这样才能适合社会发展的需要，才能保证自己不被这前进中的社会所淘汰。

第三节 应用试题

1. 起重指挥有哪几种指挥信号形式？

2. 司机使用的音响信号有几种？

3. 指挥人员指挥时应注意哪些方面?
4. 在施工作业指挥中,指挥员与司机是怎样联络的,应注意些什么?
5. 对起重指挥人员有哪些基本要求?
6. 起重指挥人员安全操作要求有哪些?
7. 起重安全操作规程有哪些?
8. 高空作业要求有哪些?
9. 起重作业人员的职业道德规范有哪些?